权威·前沿·原创

皮书系列为

“十二五”“十三五”国家重点图书出版规划项目

青海科技发展报告（2018~2019）

REPORT OF QINGHAI SCIENCE AND TECHNOLOGY DEVELOPMENT (2018-2019)

青海省科学技术信息研究所／主编

社会科学文献出版社
SOCIAL SCIENCES ACADEMIC PRESS (CHINA)

图书在版编目(CIP)数据

青海科技发展报告. 2018－2019 / 青海省科学技术信息研究所主编. --北京: 社会科学文献出版社, 2019.11

(青海科技绿皮书)

ISBN 978－7－5201－5595－3

Ⅰ. ①青… Ⅱ. ①青… Ⅲ. ①科学研究事业－研究报告－青海－2018－2019 Ⅳ. ①G322.744

中国版本图书馆 CIP 数据核字(2019)第 210611 号

青海科技绿皮书
青海科技发展报告(2018 ~2019)

主　　编 / 青海省科学技术信息研究所

出 版 人 / 谢寿光
组稿编辑 / 邓泳红　陈　颖
责任编辑 / 陈　颖

出　　版 / 社会科学文献出版社・皮书出版分社(010)59367127
地址: 北京市北三环中路甲 29 号院华龙大厦　邮编: 100029
网址: www.ssap.com.cn
发　　行 / 市场营销中心(010)59367081　59367083
印　　装 / 天津千鹤文化传播有限公司

规　　格 / 开　本: 787mm × 1092mm　1/16
印　张: 15.75　字　数: 230 千字
版　　次 / 2019 年 11 月第 1 版　2019 年 11 月第 1 次印刷
书　　号 / ISBN 978－7－5201－5595－3
定　　价 / 158.00 元

本书如有印装质量问题, 请与读者服务中心(010－59367028)联系

《青海科技发展报告（2018～2019）》编委会

摘　要

《青海科技发展报告（2018～2019）》是集综合性、原创性和前瞻性为一体的研究报告，充分体现了2018年青海省科技创新工作，重点从重大科技创新、基础研究、科技扶贫和科技成果转化过程中的突出问题展开研究，翔实充分、客观全面地反映出2018年青海省科技创新工作的总体情况。

本书由青海省科学技术信息研究所组织长期从事科技研究和管理工作的专家学者与专业人士撰写，旨在为青海省各政府部门的顶层设计提供参考，为科研机构、企事业单位和社会公众等开展科研活动提供客观的信息参考。

本书包括总报告和专题篇两部分。总报告充分体现2018年青海省科技创新工作，重点对科技体制改革、重大科研项目和工程的实施以及取得的科研成果等进行了客观总结，并对2019年的科技工作进行展望。专题篇围绕科技计划与重大科技项目评价、科技投入、科技产出、科技创新体系建设、高新技术企业发展、农业农村科技发展、科技支撑社会发展、科技合作与交流、"双创"和农业科技园区发展等十个方面进行梳理和研究分析，充分体现了青海科技创新工作的整体态势和特色，探索一条科技助力新青海发展的新道路。

关键词： 科学技术　创新发展　青海省

Abstract

"Qinghai Science and Technology Development Report (2018)" is one of a comprehensive, original and forward-looking research report, which fully reflects the scientific and technological innovation work of Qinghai Province in 2018. The Report focusing on outstanding problems of major scientific and technological innovation, basic research, science and technology poverty alleviation and scientific and technological achievements, to strive for full and true reflection of Qinghai Province the overall situation of scientific and technological innovation work in 2018.

This report, organized by Qinghai Institute of Science and Technology Information, is written by experts and scholars from the professional departments who have long been engaged in scientific research and management. It is designed to provide the top-level design reference and objective information for various government departments in Qinghai Province, scientific research institutions, enterprises and institutions.

This report includes two parts: the general report and the special report. The general report fully reflects the scientific and technological innovation work of Qinghai Province in the past year, focusing on the scientific and technological system reform, the implementation of major scientific research projects, and the scientific research results obtained, It also Looking forward to the work of science and technology in 2019. The special report focuses on the science and technology projects and the evaluation of major science and technology projects, science and technology input, science and technology output, construction of scientific and technological innovation system, developmentof high-tech enterprise, development of agricultural and rural science and technology, social development from science and technology support, scientific and technological cooperation and exchange, "double innovation" and the development of agricultural science and technology park from ten aspects. The report which fully reflected the overall situation and characteristics of scientific and technological in Qinghai Province, exploring a new way for science and technology to contribute to the development of the new Qinghai.

Keywords: Science and Technology; Innovation and Development; Qinghai Province

目　录

Ⅰ　总报告

Ⅱ　专题篇

皮书数据库阅读**使用指南**

CONTENTS 

I General Reports

Ⅱ Special Topic

总 报 告

General Reports

G.1

2018年青海科技发展与2019年展望*

摘 要： 2018年，青海省科技部门深入实施创新驱动发展战略，深化科技体制改革，优化政策环境布局，强化关键核心技术攻关，加大创新开放合作，科技工作连创佳绩，创新型省份建设迈出坚实步伐。2019年，全省科技工作重点要做好以下10项工作：开展科技创新战略研究，形成整体规划系统布局；聚焦国家重大战略部署，发挥科技引领示范作用；面向经济社会发展主战场，全力推动“一优两高”战略；坚持面向全省特色需求，强化基础创新能力建设；优化科技创新资源配置，加快构建高效科研体系；持续深化科技体制改革，打造良好创新创业生态；完善区域创新体系建设，大力推进成果转移转化；培育集聚高端人才团队，激发科技创新创造活力；提

* 课题组成员：莫重明、毛学荣、苏海红、张超远、许淳、孙传范、曹慧、姜山松、乔顺录、杜帅。

高创新开放合作层次，实现优势互补共赢发展；大力弘扬科学精神，促进科学事业健康发展。

关键词： 青海科技 改革创新 科技战略

2018 年是我国科技发展进程中极不平凡的一年。面对国际政治经济格局深刻变革，以习近平同志为核心的党中央对科技创新做出一系列新的重大决策部署，科技创新战略布局不断完善，科技管理机构优化调整，科技实力进一步增强，取得了令人瞩目的成就。

2018 年，青海省科技工作在省委、省政府的坚强领导和大力支持下，省科技管理部门坚持改革创新、真抓实干，推动青海省科技事业蓬勃发展。过去的一年，青海省科技工作坚持以“五四战略”为抓手，奋力推进“一优两高”，深入推动科技领域“放管服”改革，营造良好的创新生态，全省财政科技支出稳步增加，达到 12.9 亿元，同比增长 8.4%；登记科技成果 518 项，申请专利 4437 件，每万人有效发明专利拥有量达到 2.34 件，技术合同成交额 79.35 亿元，科技进步贡献率预计达到 53%，各项科技指标稳步提升，科技创新工作取得显著成效。

一 2018年青海科技发展形势

（一）党的政治建设得到加强

青海省科技部门坚持以习近平新时代中国特色社会主义思想为指导，强化创新理论武装，树牢“四个意识”，坚定“四个自信”，坚决做到“两个维护”，深入贯彻落实党的十九大和省十三次党代会精神，围绕党中央、国务院和省委、省政府的重大决策部署，推动全省科技事业始终沿着正确的政治方向发展。加强党对科技工作的全面领导，不断提高攻坚克难的政治担当，制定实施一系列创新政策。按照青海省级机构改革方案，精准对接科技部工作部署，主动承接全省改革发展任务，整合外国专家管理职责，重新组建的青海省科技部门站位更高、职能更优、体制更顺。

（二）科技创新活力不断迸发

坚持加强科技创新能力建设，全年新认定省级工程技术研究中心9家、省级重点实验室3家、省级科研科普基地4家、省级科技企业孵化器3家、众创空间13家。完成对60个省级重点实验室和64家省级工程技术研究中心的年度考核评估，以及32家科研机构、11家科技企业孵化器和26家众创空间的绩效评价等工作。开展科技创新券试点工作，持续推进大型科研仪器购置及共享服务。围绕高质量发展，新增高新技术企业23家，高新技术企业总数达到167家，实现工业总产值494.28亿元，同比增长32.97%；新增科技型企业121家，科技型企业总数达到415家，提前2年完成倍增目标，实现工业总产值555.96亿元，同比增长56.41%。新增“科技小巨人”企业8家，总数达到42家。组织完成“青海学者”初选、第三批青海省“高端创新人才千人计划”申报、第十三批51名自然科学与工程技术学科带头人认定和前十二批学科带头人考核评估等工作。完成154家企业研发费用加计扣除鉴定工作，鉴定额达13.5亿元，落实2017年度加计扣除补助1400万元。青海省科技创新引导基金合同约定出资总额达22.7亿元，实现投资8.06亿元。青海省国科融资担保有限公司已完成工商注册。全年促成专利权质押融资1.16亿元。成功举办青海省首届专利奖颁奖大会和第四届“交行杯”大学生创新创业大赛。开展科技“大调研、大走访”活动，充分了解各地区和基层科研单位的科技需求。深化厅州会商机制，与黄南州、果洛州签订厅州会商协议。成功举办全省科技副县（市、区）长及市州县科技局长培训班，推动了基层科技管理服务能力提升。

（三）科技支撑生态文明建设力度加大

聚焦生态修复、环境保护和绿色发展，研究制定《关于贯彻落实全省生态环境保护大会暨中央环保督察反馈意见整改工作推进会精神的实施意见》。全方位参与第二次青藏高原综合科考，在省委、省政府主要领导的高度重视和关心支持下，经过积极争取，青海省政府成为国务院青藏科考领导小组副组长单位，青海省6个科研单位进入科考队并承担具体科考任务。落实三江源生态保护和建设二期工程科研与推广项目5项，争取中央预算资金资助1800万元。持续推进“省部共建三江源生态与高原农牧业国家重点实验室”建设。启动实施“三江源区高海拔城镇造林绿化关键技术研发与示范”“湟水流域水－气－土一体化环境管理体系及污染控制关键技术集成与示范”“铜铅锌清洁选冶新技术研究和应用示范”等科技专项。开展祁连山区黑土滩（坡）人工植被重建技术研究与示范，恢复黑土滩示范面积3.5万亩，示范地植被盖度达82%～89%。柴达木盆地盐碱地覆膜种植豆科牧草技术取得突破。建成基于北斗的草地自动监测站和北斗生态畜牧业数据服务平台。“青海盐湖化工产业区大宗废弃物循环利用集成示范”项目被列入2018年国家重点研发计划专项。

（四）科技引领发展质量显著提升

开展关键核心技术攻关，实施“盐湖氯化锂电解金属锂关键技术研究”重大专项，世界最大规模盐湖氯化锂熔盐电解法制取金属锂生产线全线贯通。德令哈50兆瓦光热发电项目成功并网，填补了我国大规模槽式光热发电技术空白。在国际上率先突破厚度仅为6微米、幅宽最大可达1380毫米的高端锂离子电池专用铜箔生产工艺并实现量产。启动实施“高性能镁合金压铸件开发关键技术研究与示范”“青藏高原现代牧场技术研发与模式示范”“菊芋在高原沙化土地治理中的应用及其系列产品的研发与产业化”等科技专项。加强区域科技创新，第三轮省部会商顺利举行并签署协议。全力推动海南州国家可持续发展议程创新示范区创建工作。“三江源国家公园研究院”“高原科学与可持续发展研究院”两个国家级创新平台组建挂牌。组织实施国际合作项目13项，联合举办“一带一路”与国际科技合作培训班，完成“中日青少年科技交流计划”和藏医药学青年技术骨干赴日技术交流活动。建立健全“5+6+7”科技援青新格局，组织实施科技援青项目14项，签约招商引资项目4项。组织参加首届中国国际进口博览会。安排科技专项资金1500万元，启动了首批5个科技创新驱动示范县（市、区）建设。对38个省级农业科技园区开展绩效评估，推动4个省级高新区建设，德令哈、格尔木工业园区完成省级高新区建设规划论证。培育“西宁（国家级）经济技术开发区锂电创新型产业集群”，加强产业布局和创新协同，军民融合发展扎实推进。

（五）科技增进民生福祉取得实效

实施了“青海农牧区新能源采暖技术应用示范”“青藏高寒地区装配式生态厕所与太阳能耦合技术研究与示范”“高海拔农牧区村镇垃圾无公害处理研究示范”等一批涉及民生的科技示范项目。2018年实施科技扶贫产业化项目11个，资助科技资金2960万元，辐射带动12个贫困县，涉及贫困户3740户，预期贫困户户均年收入提高2100元以上；认定扶贫产业化科技示范基地18个，辐射带动22个贫困县，涉及贫困户3156户，预期贫困户户均年收入提高1300元以上。选派科技特派员和“三区”人才1574名，争取国家财政经费1854万元，省级配套146万元，基层科技服务水平不断提升。开展蔬菜绿色丰产技术集成，实现农产品信息化管理，促进绿色蔬菜产业升级。专项支持包虫病、高原病、肿瘤、风湿病、儿童健康与疾病、医学检验等6个省级临床医学研究中心建设，包虫病早期游离DNA诊断技术取得突破，“远程超声波+人工智能”诊断落地果洛牧区。建成“青藏高原生物科技集成创新中心”，“梓醇片”药物临床试验继续推进，国家重点研发计划专项“青藏高原人类遗传资源样本库建设”项目顺利实施。

一年来，面对新形势新挑战，青海省科技工作还存在着一些问题和短板。一是人才结构不合理，高端创新型人才、领军型人才严重短缺，难以通过“顶端优势”贯通创新流程体系，创新能力薄弱。二是区域科技创新发展不平衡不充分，特别是县一级科技管理职能弱化，部分地区机构改革中撤并了科技局，“弱科技”难以讲好发展的“硬道理”。三是企业创新主体地位不突出，创新意识和知识产权保护能力偏弱，创新活动市场导向不强，尚未形成产学研紧密结合的长效机制，科技型中小微企业入孵多、“破壳”难。四是科技成果转化关隘还没破除，成果与经济“两张皮”现象仍然存在，科技成果产权激励效应需要进一步释放。五是创新生态建设亟待完善，科学家精神和科学文化宣传倡导仍需加强，科研诚信和科研伦理建设需要快步跟进等等。问题是时代的声音。我们要坚持问题导向，集中力量抓重点、补短板、强弱项，在改革中破解难题，在发展中解决问题，持续提升青海省科技创新能力。

（六）坚持以习近平新时代中国特色社会主义思想为指导，全面加强党对科技工作的领导

党的十八大以来，以习近平同志为核心的党中央高度重视科技创新工作，习近平总书记关于科技创新的重要论述不断丰富和发展，我们要深入学习领会其精神实质。一要深刻理解必须坚持党对科技事业全面领导的论断。健全党对科技工作的领导体制，充分发挥党的领导的政治优势，提高政治站位，确保科技工作在政治立场、政治方向、政治原则、政治道路上同党中央保持一致，在战略谋划、政策制定、工作推进上始终按照党中央的决策部署来开展。二要深刻理解科技是国之利器的论断。必须把创新作为引领发展的第一动力，把科技创新作为提高社会生产力、提升国际竞争力、增强综合国力、保障国家安全的战略支撑，摆在国家发展全局的核心位置。三要深刻理解关键核心技术必须自主可控的论断。坚定不移走中国特色自主创新道路，在关键领域、“卡脖子”地方下大功夫，把创新主动权牢牢掌握在自己手中，加快构筑支撑高端引领的先发优势。四要深刻理解抢占事关长远和全局的科技战略制高点的论断。瞄准世界科技前沿和顶尖水平，抓住大趋势，下好“先手棋”，打好主动仗，夯实基础，储备长远，加强对关系根本和全局的重大科学问题部署，实现前瞻性基础研究、引领性原创成果的重大突破。五要深刻理解推动科技创新和经济社会发展深度融合的论断。科技创新不能自我循环、不能停留在象牙塔内，要融入现代经济社会发展全方位、全过

程。要围绕产业链部署创新链，加快科技成果转化，打通从人才强、科技强到产业强、经济强、国家强的通道。六要深刻理解科技创新、制度创新双轮驱动的论断。以问题为导向，以需求为牵引，加快科技体制改革步伐，破除一切束缚科技创新发展的观念和体制机制障碍，形成充满活力的科技管理体制和运行机制。七要深刻理解融入全球创新网络的论断。自主创新是开放环境下的创新，绝不能关起门来搞。要深化国际科技交流合作，主动布局和积极利用国际创新资源，在更高起点上推进自主创新，全面提升青海省在全国创新中的位置。八要深刻理解创新驱动实质是人才驱动的论断。牢固树立人才引领发展的战略地位和人才是第一资源的理念，加快形成有利于人才成长的培养机制、有利于人尽其才的使用机制、有利于竞相成长各展其能的激励机制、有利于各类人才脱颖而出的竞争机制。

习近平总书记关于科技创新的重要论述是习近平新时代中国特色社会主义思想的重要组成部分，为全省科技工作者把握世界技术革命潮流、认清科技工作形势指明了方向，科学回答的一系列科技创新重大问题，为推进科技创新提供了基本遵循和根本方法。全省科技工作者要全面深入学习领会，把科技创新摆在发展战略全局的核心位置，坚定不移走好中国特色自主创新道路，抢抓历史机遇，切实担负起新时代青海科技创新的责任与使命，在新一轮开放再扩大、改革再出发、科技再进步的新征程中，推动青海科技事业始终沿着正确的政治方向和理论导向前进。

近年来，省委、省政府高度重视科技创新工作，大力实施创新驱动发展战略，推动全省科技创新步入快车道。2016 年，省委十二届十二次全会围绕贯彻落实全国科技创新大会精神，对青海省科技创新工作进行部署，审议通过了《青海省贯彻〈国家创新驱动发展战略纲要〉实施方案》，确定青海省科技发展“三步走”的战略目标，成立了由省委书记、省长为组长的青海省科技体制改革和创新体系建设工作领导小组，开启了青海新的“科学春天”。省政府办公厅印发的《青海省“十三五”科技创新规划》，提出“八大绿色产业技术体系”“五项重大科技创新工程”“八项重大科技行动”，明确“到 2020 年，具有青海特色优势的区域创新体系建设取得重大进展，初步进入创新型省份行列”，吹响了创新型省份建设的号角。2018年，省委十三届四次全会做出“一优两高”战略部署，强调实现“要素驱动”向“创新驱动”转换，打好“盐湖资源综合开发利用”“清洁能源发展”“特色农牧业发展”等“四张牌”，为全省科技工作开辟了新领域、提出了新要求。省委十三届五次全会提出要把贯彻新发展理念和创新工作作为全省经济社会发展的有力抓手。《政府工作报告》中明确对科技工作做出了专门部署。同时召开的全省科学技术奖励大会上表彰了一批杰出科技工作者代表，刘宁省长代表省委、省政府作了重要讲话。高规格奖励大会的召开和推进科技奖励制度改革，有效调动了全省广大科技工作者的积极性、主动性和创造性，凝聚起了强大的科技创新力量。

省委、省政府领导亲切关怀并对科技工作寄予了厚望。去年底省委、省政府主要领导出席了2018年科技部与省政府工作会商会议，并先后多次带队拜会科技部、中科院等部门，推动落实部省会商、省院合作、科技援青、第二次青藏高原综合科考、海南州国家可持续发展议程创新示范区创建等工作，为我们“撑腰打气”“擂鼓助威”，推动全省科技工作站上了新高度、实现了新飞跃。我们要牢记嘱托，勇担使命，按照习近平总书记对科技工作提出的“思路、政策、重点”六字要求，牢牢把握省委、省政府对科技工作的新要求新部署新期待，站在青海改革发展全局的高度，行稳走好科技发展路径，做好“创新驱动发展”这篇大文章。

二　2019年青海科技发展展望

2019年是决胜全面建成小康社会的关键之年，也是我国实现进入创新型国家行列目标的攻坚之年。全省科技工作总体思路是：以习近平新时代中国特色社会主义思想为指导，全面贯彻党的十九大和十九届二中、三中全会及庆祝改革开放40周年大会、中央经济工作会议精神，按照省第十三次党代会和省委十三届四次、五次全会以及全省“两会”的各项工作部署，全面加强党对科技事业的领导，贯彻新发展理念，坚持科技工作“三个面向”，以深化改革激发创新活力，深入实施“五四战略”，奋力推进“一优两高”，大力实施创新驱动发展战略，着力推进关键核心技术攻关，强化高端人才队伍建设，加强应用基础研究，优化创新平台布局，加快成果转化体系建设，积极融入国家战略，持续扩大开放合作，营造创新生态，提升创新能力，加速创新型省份建设步伐，为全面建成小康社会收官提供科技支撑，以优异成绩庆祝新中国成立70周年和青海解放70周年。

重点做好以下十个方面工作。

（一）开展科技创新战略研究，形成整体规划系统布局

启动“十四五”科技创新规划编制工作。按照习近平总书记“抓战略、抓规划、抓政策、抓服务”的要求，对青海省科技创新进行整体设计。对接科技部2021～2035年中长期规划战略研究和青海省“十四五”经济和社会发展纲要研究工作，拟订青海省“十四五”科技创新规划编制方案。组建创新发展研究院，成立高层次规划编制专家咨询组，部署规划前期战略研究，对标创新型省份指标体系，系统谋划科技创新整体布局，重点围绕“一优两高”战略部署，研究建立以科技创新为支撑的绿色创新发展路径，着力提升区域创新能力，优化区域创新创业生态，打造区域创新特色优势。要抓紧组织开展重点领域专题研究，加强科技发展态势研判，厘清未来5年产业发展的技术路线图，为规划编制提供支撑。

（二）聚焦国家重大战略部署，发挥科技引领示范作用

助力打赢脱贫攻坚战。落实《青海省科技厅打赢脱贫攻坚战三年行动的实施方案》目标任务，组织实施科技信息支撑、科技人才支撑、产业技术支撑和科技扶贫示范四大行动。健全农村科技社会化服务体系，选派1000名“三区”科技人才和科技特派员深入全省39个贫困县，力争做到贫困村科技特派员服务全覆盖。大力开展贫困地区实用技术培训，依托省内外机构为贫困县培养本土农牧业科技人员和乡土专家、种养能手、致富带头人。面向贫困地区特色产业发展需求，实施科技扶贫产业化项目，集成先进

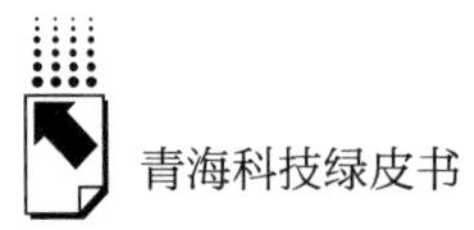

适用技术提升贫困地区产业发展的竞争实力和内生动力。扎实推进定点扶贫工作，为青海省全面完成四年集中攻坚任务和绝对贫困人口“清零”贡献科技力量。

推动实施乡村振兴战略。主动对标“产业兴旺、生态宜居、乡风文明、治理有效、生活富裕”的总要求和“产业振兴、人才振兴、文化振兴、生态振兴、组织振兴”的总部署，开展农业农村科技创新项目，重点推进农牧业生产加工废弃物的资源化利用、农药化肥减施技术研发与示范，为绿色有机农牧业示范省建设提供创新支撑。支持10个左右省级农业科技园区做大做强，努力实现高原特色农牧业产业发展转型升级。打造河湟流域现代设施农业发展集群、三江源和环湖生态畜牧业发展集群、柴达木绿洲农业发展集群。在东部农业区开展现代设施农业装备和特色优质农产品生产技术示范，在三江源和环湖地区开展现代草业发展和智慧生态畜牧业科技示范，在柴达木盆地开展有机枸杞、肉牛羊等特色农牧业科技示范，不断强化基层科技服务体系建设。

全面参与第二次青藏高原综合科考。统筹创新资源，重点组织在青中央单位和“中科院三江源国家公园研究院”“高原科学与可持续发展研究院”以及省内科研单位参与科考，协调管理省内已确定的6个科考队和省外相关科考队伍开展科考工作。加强第二次青藏科考成果转移转化顶层设计，筹建青海省青藏科考服务和成果转化中心，建立第二次青藏科考成果大数据平台，推动科考成果在青海省有效转化，为新青海建设提供科技支撑。

（三）面向经济社会发展主战场，全力推动“一优两高”战略

推进筑牢生态安全屏障。坚持生态保护优先，按照中央全面深化改革委员会第六次会议工作部署，重点推进科技创新支撑青海省自然保护地体系建设。组织做好“三个最大”重大科技专项研究工作，积极开展青藏高原气候变化、全球变化及水资源、人类活动等关键问题研究，为青海国家公园示范省建设提供科技支撑。对接重大生态治理工程，加强典型脆弱区生态保护建设支撑，建成祁连山高寒草地生态试验站，加强退化草地修复治理、沙漠

化防治、水资源综合利用，促进生态畜牧业可持续发展，维护国家生态安全屏障。继续推进海南州国家可持续发展议程创新示范区创建。打好污染防治攻坚战，组织开展污染防治关键技术攻关，实施盐湖化工产业区大宗废弃物循环利用技术研究，加强湟水流域“水—土—气”一体化环境管理体系、污水处理技术攻关、大气污染最优控制方案的研发工作，构建绿色技术创新体系，确保青海蓝、河湖清、山川绿。

支撑现代化产业体系建设。把科技创新作为引领高质量发展的第一动力，围绕促进循环经济发展，强化创新平台建设，实施盐湖资源制取金属锂、高性能镁合金压铸件、深层卤水开发制备高品质碳酸锂等重大科技专项，加快锂电产业、新材料产业创新集群建设，增强产业关联度，延伸产业链条，提高资源循环利用率。围绕构建清洁能源体系，开展提高光伏转化率和延长光热储能时间的重大技术攻关。实施国家重点研发计划“多能源电力系统互补协调调度与控制”项目。针对大型光伏基地和分散式集群发电技术、多能互补关键装备研制、高原型风机叶片及增压舱装置研发等，实施一批省级重点研发项目，集中开展水、光、风、核、热等多能互补、集成优化研究示范。围绕特色生物产业发展，持续推进虫草、沙棘等特色资源精深加工，加快特色浆果黑果、红果枸杞和藜麦新产品开发，沙棘、白刺新资源食品申报，高原道地、大宗中藏药材种植、种子种苗繁育、规范化栽培研究。围绕加快发展数字经济，合力推动中国盐湖资源绿色循环利用“互联网+协同制造”服务支撑平台建设，进一步加强大数据、云计算、物联网、人工智能等技术在改造提升传统产业生产质量和效率方面的应用。推动数字技术在文化产业深度应用、实现产业数字化和数字产业化方面同步推进。围绕推动农牧业供给侧结构性改革，继续实施“1020”生态农牧业重大科技支撑工程。瞄准牦牛、藏羊产业发展关键技术，重点推进新品种（品系）培育、饲草料生产、高效化养殖和产品精深加工技术研发与示范。打造覆盖青稞、马铃薯、油菜、果蔬等特色全产业链的轻简化技术包，助力青海省农业生产由“产品”向“商品”转变。开展青海三文鱼全过程标准化生产和溯源体系建设关键技术研发与示范。围绕冷凉食用菌、特色蔬菜和果品，开展产品精深加工等研发与示范，引领高原现代农业科技加快发展。

加强民生科技创新。完善临床医学研究中心布局，引导心血管疾病、恶性肿瘤、神经系统疾病等重大疾病领域的国家临床研究中心在青海设立分中心，加强癌症、心脑血管等重大疾病诊疗和预防研究，引进临床新技术，筛选5～10项临床诊疗技术在基层示范。大力推进包虫病等6个省级临床医学研究中心建设。加强特色民族食品药品产品研发，引进微丸化等先进加工工艺，促进藏药二次开发，加快降脂药“非诺贝酸”仿制研发。鼓励禁毒、康复等药品研究和产品开发。高标准建设人类遗传资源管理和遗传库信息平台。推进智慧城市、生态体验、灾害防控、新型城镇化等方面的科技创新，提高公共安全和社会治理能力，让老百姓享受更多科技创新的成果、过高品质的生活。

（四）坚持面向全省特色需求，强化基础创新能力建设

部署特色基础研究。制定出台《青海省关于全面加强基础科学研究的实施意见》，加强前瞻性和战略性部署，立足青海省特色优势资源，组织开展在全国、全世界具有唯一性的科学研究，推动一流学科建设，培养高素质、有创新能力的优秀人才和创新团队。推动与国家自然科学基金委签订联合基金第二期协议，依托联合基金国家平台，形成盐湖资源开发、生态环境保护从“0”到“1”的原始创新机制，为推动行业变革性发展做好技术储备。

优化创新平台建设。强化“省部共建三江源生态与高原农牧业国家重点实验室”“藏药新药开发国家重点实验室”建设，支持“省部共建民族语言学习与教育智能化技术国家重点实验室”建设，推动盐湖资源综合利用国家级工程技术研究中心进入国家技术创新中心序列。坚持以评促建，对各类省级科技创新平台开展年度全面评估，培育青海省战略科技力量。推动建立联合实验室，开展联合技术攻关，加强人才交流培养，实现优势互补、资源共享。建立以授权为基础、市场化方式运营为核心的科研仪器设备开放共享机制，提升大型科学仪器共享服务平台服务能力。探索军民科技协同创新

平台建设，破冰科技军民融合发展工作机制。加强重大科技基础设施建设，积极推进中国火星类比区（选址区）与火星环境综合信息数据平台等科技基础条件平台建设。对接国家天文台、紫金山天文台等单位，力争推动冷湖大型光学望远镜项目落地。

提升科研机构创新能力。指导和规范省属科研事业单位制定章程，建立职责明确、评价科学、开放有序、管理规范的现代科研院所制度。联合省级有关部门加快推进科研事业单位政事分开、管办分离，对章程明确的科研事业单位，赋予岗位设置、人员聘用、绩效工资分配等自主权，建立健全监督制度，形成完善的内控机制，完善科研机构绩效评价管理办法，建立长效机制，保障科研事业单位依法合规管理运行。

（五）优化科技创新资源配置，加快构建高效科研体系

聚焦重点任务实施重大科技专项。围绕创新型省份建设，坚持绿色技术创新方向，实施一批重大科技专项。改革重大科技专项形成机制和管理模式，根据国家战略和省委省政府重点任务、重点领域核心技术难题以及经济社会重大科技需求，研究提出一批重大科技专项。强化统筹协调，经专家论证和专题研究，配置人才、资金、平台、国内外智力等优势科技资源，形成合力，开展集中科技攻关。

健全科研项目形成机制。针对现行省级科技计划体系，依据不同目标需求，建立各具特色的计划项目形成机制。基础研究和应用基础研究要突出地方特色，重点研发计划要引导科研人员将科学研究活动、个人价值实现、青海省战略需求有效结合，区域创新与地方经济社会发展重点难点紧密结合。配套建立项目立项与管理权力、责任相统一的目标考核体系，提高项目绩效和财政科技专项资金使用效率。

加大科技创新投入。协调各级财政增加科技创新投入，加强与金融机构的合作，创新科技金融产品和服务，拓宽社会资本参与科技创新的渠道。整合科技创新引导基金，优化资源配置，重点支持一批技术先进、市场看好的高新技术项目。大力开展科技担保业务，推进科技成果、专利质押融资、科

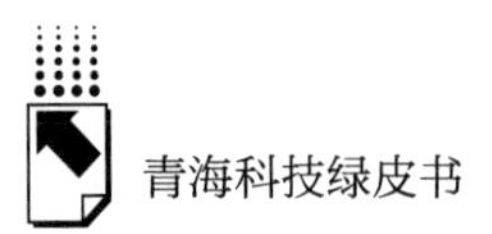

技贷款担保等工作。出台鼓励企业增加研发投入政策，建立省级科技计划项目分阶段资助方式，加快形成由政府引导、社会资本多元投入的创新投入机制。

（六）持续深化科技体制改革，打造良好创新创业生态

完善科技创新政策体系。制定出台《青海省关于深化项目评审、人才评价、机构评估改革的实施意见》和配套政策，开展基于绩效、诚信和能力的科研管理“绿色通道”试点。以科技成果转化、知识产权管理、军民标准融合、保密管理等为重点，开展军民科技协同创新政策研究。完成《青海省促进科技成果转化条例》《青海省科技奖励管理办法》等法规的立法和修订工作。深入推进依法行政和法治政府建设，开展重大决策和规范性文件合法性审查，完善法律顾问制度。围绕国家和全省创新政策落实，开展动态跟踪，强化督查问效。

扩大科研主体自主权。对现行的省级科技计划管理和经费管理办法进行修订完善。指导高校、科研院所和高新技术企业等创新主体健全完善内部管理制度，切实将科研人员在技术路线选择、资金使用、预算调剂、仪器采购、团队组建、成果转化等方面的自主权落实到位，确保科技领域“放管服”改革二十条的落地生效。

打造“双创”升级版。加强顶层设计，加快推动出台《青海省关于推动创新创业高质量发展打造“双创”升级版的实施意见》。强化企业主体地位，制定和落实支持科技型中小企业创新发展的政策措施。加大研发费用税前加计扣除、高新技术企业税收等各项优惠政策的宣传落实力度。促进科技与金融深度融合，积极开展科技保险和创新券服务工作。继续举办好“交行杯”大学生创新创业大赛以及双创周活动，推进高新区申请2019年度国家科技资源支撑型创新创业特色载体，加大专业化众创空间和星创天地等创新创业载体建设力度，培育“众创空间—孵化器—加速器—产业园”创新创业生态圈，打造“微成长、小升高、高变强”的科技企业梯次培育集群，为高质量发展积蓄新动能。

启动评价奖励制度改革。积极推进青海省“三评”改革，按照项目类型建立不同评审体系、评审程序和评审方式。健全科技人才分类评价机制，打破“四唯”倾向，开展代表成果评价，坚持评用结合，强化用人单位评价主体地位。围绕功能定位开展机构分类评估，建立与评价结果挂钩的动态管理机制。按照国家科技奖励大会和科技部、财政部有关文件精神，对青海省科学技术奖奖金标准进行调整，适度扩大省科技奖授奖领域，优化科技奖励结构，发挥青海省科学技术奖对广大科技工作者的激励作用。

（七）完善区域创新体系建设，大力推进成果转移转化

打造区域创新布局梯次。按照“两核一轴一高地”区域协调发展新格局，统筹政策、项目、平台和人才，打造西宁和海西两个科技创新“增长极”，支撑环湖地区农牧交错循环发展和特色化、城镇化发展，面向青南地区保护和绿色“江河源”建设，继续加大生态科技项目支撑力度，着力破解青海省科技发展不平衡不充分问题，增强区域发展的协同性和整体性。推动西宁市建成具有较强辐射引领作用的青藏高原区域创新中心。推进青海（国家）高新区高质量发展，发挥先发优势，加快创新型产业集群建设。加大对海东科技园和格尔木、德令哈工业园等4家在建省级高新区的指导和培育力度，力争年内培育建成1～2家省级高新区。以乌兰县国家创新型县（市）建设为牵引，推动青海省县域创新能力提升，开展县域创新能力监测，对已支持的5个省级科技创新试点县开展年度绩效评估，年内新启动实施1个省级县域创新试点县。

建设科技成果转移转化体系。改革科技成果评价和登记制度，建立科技成果市场定价机制，下放成果使用、处置和收益权。加快科技成果信息汇交平台和转化基地建设，强化研发设计、创业孵化、检验检测认证、知识产权等各类科技服务，构建统一开放、互联互通的技术交易市场体系。探索建立青海省科技成果转移转化示范区，支持开展科技成果中试熟化科技服务工作，畅通技术转移转化通道。用活用好国家成果转化引导基金子基金，加大科技成果转移转化多元化资金投入。培育科技成果转移转化人才队伍，探索

技术经理人全程参与的科技成果转化服务模式和“定向研发、定向转化、定向服务”的订单式研发和成果转化机制，形成一整套促进科技成果转移转化的有效举措。

（八）培育集聚高端人才团队，激发科技创新创造活力

加强科技人才队伍建设。认真贯彻《关于实施“昆仑英才”行动服务“一优两高”战略的意见》，围绕优势学科和特色学科，开展2019年度青海省自然科学与工程技术学科带头人认定工作，不断壮大学科带头人队伍。完成科技部创新人才推进计划、青海省“高端创新人才千人计划”等组织推荐工作，建立对高端创新人才及团队的稳定支持机制，推进高层次人才队伍建设。出台创新人才优惠政策，对全时全职承担省重点科研项目的主持人或团队负责人以及引进的高层次领军人才实行年薪制。落实好省委组织部和省科技厅等九部门联合制定出台的《进一步关心关爱专家人才的十条措施》，加强对高端人才的人文关怀，吸引和培育一批高层次人才及团队在青海创新创业。

加大国内外引智力度。立足青海区域发展优势和重点产业需求，积极组织申报国家“高端外国专家引进计划”项目。加强引智平台建设，建立重点产业引智示范推广基地和示范单位，对已批复建立的引智基地持续给予支持。做好来青专家的服务工作，加深双方友谊，实现感情引智，推动来青专家为青海省科技创新事业提供持续的智力支持，加速推进引智成果的转化和示范。

强化出国出境培训管理。坚持“从严控制、为我所用、突出重点、少而精”的原则，加大对科技领军人才和关键核心领域急需紧缺人才的培训支持力度。加强对培训团组的管理，明确外事纪律、培训纪律、组织纪律等政策“红线”。争取促成香港培训落实，切实提高培训质量。

（九）提高创新开放合作层次，实现优势互补共赢发展

抓好部省会商任务落实。健全工作机制，加强部省战略对接、政策衔

接、资源集聚、措施协同，狠抓第三轮部省会商议题任务分解落实，推动合作结出硕果。主动融入国家战略，找准青海科技工作定位，把握青海省情特点，突出生态文明建设，科学配置创新资源，提升协同创新能力，加快形成以科技创新为引领的新经济体系和发展模式。

大力推进科技援青工作。进一步完善“5 +6 +7”的科技援青新格局，加强与科技援青省市的协调对接，配合科技部筹备召开第二次全国科技援青工作座谈会，推动建立点对点帮扶机制和抓手，与援青省市科技部门签订新一轮科技合作框架协议，精准对接，优势互补，组织实施一批科技援青项目，开展科技人才交流、共建联合实验室、强化科技园区合作、技术转移等工作，着力提升青海高新区、柴达木循环经济试验区及省内科研院所的科技创新能力。

深化院地科技创新合作。加强与中科院的合作交流，落实省院科技合作协议，继续组织实施“西部之光”人才培养计划，联合举办科技管理干部培训班，为青海省培养一批科技创新人才和改革创新急需的科技管理干部。邀请中国工程院来青开展产业升级、技术改造战略咨询和学术交流、人才培养及科技服务活动。

积极开展国际合作交流。以外交部“青海省全球推介活动”为契机，充分展示青海省优秀科技成果和先进实用技术，主动推介一批特色领域先进成果“走出去”。加强国际合作交流工作，拓展与“一带一路”沿线国家及创新大国和关键小国间的科技合作，制定国别策略，在生态保护、生物医药、高原医学、新能源、新材料等领域加强合作。组织申报“国家国际科技合作”项目和“中日青少年科技交流计划”项目，申报发展中国家培训班，拓展国际科技合作交流渠道。做好外国人来华工作许可证的办理、延期和注销等服务工作，为开展国际科技合作奠定基础。

（十）大力弘扬科学精神，促进科学事业健康发展

加强科研诚信和学风作风建设。完善科研诚信管理工作机制，加强科研活动全流程诚信管理，通过对失信行为开展联合惩戒，形成全社会正向激

励、对科研不端行为零容忍的氛围。建立以信任为前提、以激励为核心、以诚信为底线的科研管理和人才评价机制，树立科研人员创新自信、勇于担当、严于自律的学风作风。大力弘扬科学精神，传承好伟大的“两弹一星”精神，引导广大科技工作者树立家国情怀，热爱青海、建设青海、奉献青海，创造青海科技事业的新高度新境界。

加强科技监督与评估。完善科技监督与评估工作顶层设计，加快政策体系建设，推进科技计划和经费管理的法制化，进一步规范监督检查和评估行为。培育第三方专业机构，承担部分监督和评估职能。探索建立分层分级的科技监督评估工作体系，压实专业机构和项目承担单位法人的管理责任，建立风险预警和防控机制，强化对违规违法科研行为的惩处，形成“大监管”格局。

加强科普和宣传工作。发挥科普联席会议制度的统筹作用，整合资源，精心谋划举办 2019 年科技活动周，开展基层科技助力行动，提升公众科学素质。开展年度科研科普基地认定工作，引导创新平台和科技人员面向青少年、大众开展多种多样的科普活动。利用“青海科技”微信公众号等宣传平台，大力宣传青海省科技创新的主要成就、经验和先进典型，为青海科技事业发展营造良好氛围。

三　加强全省科技管理能力建设

新形势下，青海省科技工作者肩负的任务艰巨、责任重大、使命光荣，全省科技系统要不忘初心、牢记使命，苦练内功、同心协力，不断提升科技管理能力水平。

一要提高政治站位。坚持以习近平新时代中国特色社会主义思想为指导，旗帜鲜明讲政治，树牢“四个意识”，坚定“四个自信”，坚决做到“两个维护”，不断用习近平总书记关于科技创新的重要论述武装头脑，指导实践，推动工作，要认真贯彻落实王建军书记参观青海科技 60 年成就展发表的重要讲话精神和省领导有关科技创新的批示指示精神，强化政治引领，进一步明确全省科技工作“跟着谁、面向谁、服务谁”的出发点和落脚点，引导全省各级科技管理部门干部职工在思想上、政治上、行动上自觉同以习近平同志为核心的党中央保持高度一致，融入全省经济社会发展大局，坚定不移加强党对科技工作的全面领导。

二要加强干部队伍建设。注重干部教育培训，强化干部的政治素质，提升战略眼光，拓展国际视野。建立健全科学考核评价机制、激励机制、容错纠错机制，激励干部队伍敢担当、敢作为。突出高素质专业化，大力发现培养选拔优秀年轻干部。引导干部多到科研一线、多到群众中间，成为科技工作的行家里手，成为科研人员和基层群众的知心人，为青海省科技事业打造出一支“忠诚、担当、专业、务实、守正”的科技管理干部队伍。

三要强化协同联动。进一步完善部门、地区间科技工作机制，形成多方合力。深化厅州（市）会商，把地方作为全省科技工作的“根据地”，充分发挥地方主体作用，实现科技创新与地方经济发展的深度融合，以科技破解发展难题，厚植发展优势，开辟发展局面。探索建立与相关厅局的工作会商机制，有效理顺科技政策，整合科技资源，促进新技术、新产业、新业态蓬勃发展，加快以科技创新为核心的全面创新，推动形成科技部门、行业部门和市（州）密切协作、协同联动的工作格局，下好全省科技工作“一盘棋”，开启全省科技工作从“一马当先”到“万马奔腾”的良好局面，为决胜进入创新型国家行列贡献青海力量。

四要抓好党风廉政建设。认真贯彻中纪委和省纪委三次全会精神，将“五个必须”作为坚定不移推进全面从严治党、继续推进党风廉政建设和反腐败斗争的重要遵循。严格执行中央八项规定精神，坚决纠正“四风”，防止“四风”问题反弹回潮。全省科技系统各级领导干部作为科技工作中的关键少数，要在工作中自觉践行“四个自我”，抓好主体责任，强化日常监督，把全面从严治党的要求体现在日常，落到实处，形成上下合力，以实际行动营造风清气正的科技创新环境。

G.2

2018年青海科技体制改革及2019年展望*

摘　要： 科技体制改革工作是科技工作的重中之重，青海省把科技创新摆在发展全局的核心位置，高度重视科技创新，围绕实施创新驱动发展战略，全面深化科技体制改革，加快推进创新型省份建设，充分发挥科技引领作用，推动青海绿色可持续发展，加快推进以科技创新为核心的全面创新，为建设富裕文明和谐美丽新青海不懈奋斗。

关键词： 科技体制改革　创新驱动　青海省

2018年，值我国改革开放四十年之际，青海省科技部门在省委、省政府的正确领导下，以习近平新时代中国特色社会主义思想为指导，认真贯彻落实党的十九大和省第十三次党代会精神，深入实施创新驱动发展战略，以"五四战略"为抓手，奋力推进"一优两高"，以问题为导向，着力深化科技体制改革，不断激发创新活力，全省新动能进一步增强，科技支撑作用日趋明显。

一　2018年青海科技体制改革重点举措

（一）强化科技顶层设计，深化体制机制改革

一是为调动创新主体和科研人员积极性，大力提升全省原始创新能力和

* 课题组成员：莫重明、苏海红、瞿文蓉、赵长建、吴玲娜、多杰措、俞成、刘永庆、王杏芳、马冠奎、赵以莲、杨广智、杨军、常丽娜、张扬。

关键领域核心技术攻关能力，在开展科技领域“放管服”大调研活动的基础上，制定出台了《青海省深化科技领域“放管服”改革二十条（暂行）》（青政办〔2018〕155 号）；推进落实以增加知识价值为导向分配政策，制定出台了《青海省关于实行以增加知识价值为导向分配政策的实施意见》（青办字〔2018〕33 号）；进一步完善科技奖励制度，调动广大科技工作者的创造性，制定出台了《青海省深化科技奖励制度改革实施方案的通知》（青政办〔2018〕17 号）。

二是为深入实施创新驱动发展战略，进一步加大支持创新力度，营造有利于创新的制度环境和公平竞争的市场环境，制定下发了《青海省人民政府办公厅关于印发青海省推广支持创新相关改革举措实施方案的通知》（青政办〔2018〕11 号）。促进科技成果资本化、产业化，充分释放全社会创新创业潜能，在更大范围、更高层次、更深程度上推进大众创业、万众创新，培育壮大经济发展新动能，制定出台了《青海省人民政府关于强化实施创新驱动发展战略进一步推进大众创业万众创新深入开展的实施意见》（青政办〔2018〕28 号）。为优化全省县域创新驱动发展环境，完善创新管理和服务体系，制定出台了《关于推动县域创新驱动发展的实施意见》（青政办〔2018〕6 号）。

三是认真贯彻落实国家和省委、省政府的决策部署，发挥省科技体制改革和创新体系建设工作领导小组办公室的统筹协调作用，对全省各部门各地区贯彻落实全国科技创新大会精神情况进行督查，推动《青海省贯彻〈国家创新驱动发展战略纲要〉实施方案》及相关配套政策的落实，相继出台围绕创新驱动发展、创新创业、成果转化、科技计划和经费管理、知识产权保护、科技资源共享、科技服务、人才引进培养等方面相关配套政策 19 个，基本形成了覆盖科技创新全过程的法律法规政策体系，通过政策布局和文件落实，进一步推动全省科技体制改革工作，为实施创新驱动发展战略提供有力支撑。

（二）深化放管服改革，进一步激发创新活力

2018 年 11 月，青海省政府办公厅转发省科技、财政等 11 部门《青海

省深化科技领域“放管服”改革二十条（暂行）》（以下简称“改革二十条”），主要从四个方面对科技管理和服务进行了改革，受到科技界的好评。

1. 精简程序，充分减负

“改革二十条”简化项目申报和过程管理，推行“材料一次报送”制度，取消提供前期合作证明等印证材料。取消年度检查，实行年度进展报告备案，重大、重点项目实行抽查的制度。简化科研项目预算编制要求，精简说明和报表；对设备购置不再要求提供详细设备型号清单。对科研急需的专业设备、耗材，按相关规定特事特办，不进行招投标程序。合并财务验收和技术验收，科研经费项目验收不要求提供财务审计报告的标准由 50 万元以下提高至 100 万元以下。通过精简了 1/4 的科研项目管理程序，把科研人员从各种检查、报表等繁文缛节中解脱出来，减轻他们的负担，让他们可以潜心科学研究。

2. 降低门槛，激发活力

对科研人员同期主持或参与项目数不超 2 项，主持项目数不超过 1 项，分别提高至 3 项和 2 项，充分调动科研人员创新积极性。将企业申报项目时申请资助的专项经费与自筹科研经费比例不低于 1∶3，重大专项不低于 1∶5，降低至 1∶1，大幅减轻了企业配套负担；对事业单位申报的公益性科研项目不要求自筹科研经费配套，减轻了事业单位自筹科研经费进行配套的负担。将中小企业、市州及其以下单位科研人员申报项目的职称要求由副高职称以上降低为中级职称以上，充分激发基层科研的创新活力。

3. 下放自主权，减少审批环节

明确了科研项目除主持人以外的参与人员调整、协作单位调整，审批权限下放到项目承担单位。项目负责人在研究方向不变和不降低研究指标的前提下，可自主调整研究方案和技术路线。项目直接费用除设备费外，其他费用调剂权下放至项目承担单位。允许科研机构从基本科研业务费中提取不超过 20% 作为奖励经费，其使用范围和标准由科研机构在绩效工资总量内自主决定。科技发展补助费由各转制科研院所自主安排使用。赋予科研人员职务科技成果所有权或长期使用权。

4. 营造环境，创新生态氛围

建立科研容错免责机制，对已履行科研尽责义务但因不可抗力或科研不确定性未能实现预期研究目标的承担单位和项目负责人予以免责，且合理合规的已支出资金不予追缴。加强科研诚信建设和科研协调监管。对科研不端行为零容忍，完善调查核实、公开公示、惩戒处理等制度。把廉政建设和执纪监督贯穿科研管理全过程，为科研活动保驾护航。

（三）深化科技奖励制度改革，修订青海省科学技术奖励办法

1. 落实国家及青海省科技奖励制度改革方案

为落实国务院办公厅印发《关于深化科技奖励制度改革的方案》（国办函〔2017〕55 号），2018 年 2 月青海省政府相应出台了《青海省深化科技奖励制度改革实施方案》（青政办〔2018〕17 号）。在 2018 年度青海省科学技术奖励工作中已提前部署了引入专家学者提名制，增加网络初评结果公示等多项科技奖励改革措施，推进了贯彻落实国家及青海省科技奖励制度改革工作，也为修改《青海省科学技术奖励办法》奠定了基础。

2. 修订青海省科学技术奖励办法

将《青海省科学技术奖励办法》的修订列入青海省人民政府 2018 年立法工作计划中重点调研项目。现行《青海省科学技术奖励办法》自 2003 年颁布后，至今已实施 15 年，其间仅 2010 年做了一次修改（由青海省人民政府第 74 号令颁布），为认真做好《青海省科学技术奖励办法》修订工作，省科技部门前往广东、山东等地前期调研学习外省科技奖励工作先进经验，并深入青海大专院校、科研院所、省内各工业园区及相关企业调查研究，了解基层科技奖励工作实际困难，经过多次开展专题讨论，在认真总结青海省科技奖励工作基础之上，结合青海省自身特点，初步形成修订草案；经广泛征求省政府相关厅局、市州政府、高校及科研机构、园区及重点企业等单位意见后，充分吸纳各方面的合理意见，对修订内容作了进一步修改；10 月 31 日，王黎明副省长主持召开 2018 年科学技术奖励委员会会议对《青海省科学技术奖励办法》修订草案进行了研究和审议，形成了《青海省科学技

术奖励》修订送审稿，并于11月中旬提交青海省政府法制办。

3. 开展青海省科技成果转化“三权”调研

召开青海省科技成果转移转化情况座谈会，广泛宣传《青海省高校、科研机构等科技成果使用处置和收益分配管理办法》，对全省科技成果基本情况和成果转移转化情况作了摸底调研。目前青海大学、青海师范大学、青海民族大学、中国科学院西北高原生物研究所、中国科学院青海盐湖研究所、青海省畜牧兽医科学院和青海省农林科学院7家单位，已根据《青海省人民政府办公厅关于印发青海省促进科技成果转移转化行动方案的通知》有关政策及文件出台了本单位的转移转化办法。

（四）完善科技金融体系，组建青海省科技融资担保公司

青海省科技创新引导基金设立于2009年（以下简称引导基金），截至2018年底，引导基金合同约定出资总额达到22.7亿元，其中：基金计划出资6.7亿元，实际到资4.305亿元；社会资本计划出资16亿元，实际出资13.212亿元。引导基金先后设立9个子产品，包括：青海国科创业投资基金、青海汇富科技成果转化投资基金、青海科技创新投资基金、青海国科融资担保有限公司、海东科技融资担保有限公司、兴业银行助保金、三江财产保险股份有限公司、青海省科技创业孵化基金和青海省大学生创新创业投资引导资金。截至2018年6月底，累计对316个项目进行了扶持，实现投资7.15亿元。2018年上半年，新增投资项目54个，新增投资10145万元；下半年，分别与中国工商银行青海省分行、交通银行青海省分行签订了科技金融战略合作协议。2018年5月下旬，组建了青海省国科融资担保有限公司。

（五）落实国家技术创新体系建设方案，不断增强区域技术创新能力

不断健全区域技术创新体系。省级工程技术研究中心方面，5月份完成了对64家省级工程技术研究中心年度考核评估工作，依托亚洲硅业（青海）有限公司组建的“青海省硅材料工程技术研究中心”、依托西部矿业集

团科技发展有限公司组建的“青海省有色矿产资源工程技术研究中心”等10家省级工程技术研究中心被评为优秀工程技术研究中心，给予每家200万资金奖励，支持其提升工程化能力。10月初完成2018年度省级工程技术研究中心认定。省级科技企业孵化器和众创空间方面，5月联合省创业孵化器协会办公室（省创业发展孵化器有限公司）采用定性和定量相结合的方式完成了对全省11家科技企业孵化器和26家众创空间2017年度绩效评价工作，“青海生科中小企业创业有限公司”“青海省创业发展孵化器有限公司”等7家科技企业孵化器及“海东驿站”“创客青海”等10家众创空间被评为优秀，共给予1065万元资金奖励，支持其提升科技服务能力。9月完成青海省众创空间和科技企业孵化器认定，“青海启迪之星孵化器”等3家单位被认定为省级科技企业孵化器；“普众文化创意产业众创空间”等13家单位被认定为众创空间。技术市场方面，“青海科易网——青海省网上技术交易市场平台”为企业提供了畅通技术转移转化渠道，推动科技成果与产业、企业需求的有效对接。2018年技术市场交易额79.35亿元，较上年上涨17.17%。

（六）严格执行产权法规，建立知识产权行政执法与司法保护衔接合作机制

1.积极推进“放管服”改革

简政放权，取消专利代理机构的审核程序；加强对专利代理机构服务范围、服务质量的事中事后监管，帮助指导代理服务机构进一步提升服务能力和水平，召开了全省园区知识产权推进工作座谈会，增建了12个园区知识产权工作站，畅通了联络渠道。

2.提升知识产权运用能力

对省科技部门拟立项的18个重大科技专项开展了知识产权分析评议工作，供项目管理部门和参与单位进一步了解技术发展状况及发展趋势和潜在风险，为项目决策提供了参考；实施了锂产业专利导航和太阳能产业专利预警分析，编制了报告，启动了盐湖化工和光伏产业专利导航工作；创建了青海省知识产权公共服务平台，进一步优化了知识产权服务模式。

3. 强化知识产权保护

为创新青海省知识产权保护工作方法，发挥多元化纠纷解决机制，形成知识产权保护合力，有效解决知识产权保护工作中存在的难点、热点问题，促进知识产权司法保护与行政执法的衔接协作，青海省知识产权局、西宁市中级人民法院和西宁市科技局共同签署实施了《青海省知识产权司法保护与行政执法衔接合作交流框架协议》；针对流通市场重点开展专利行政执法检查10次，处理专利侵权纠纷案件23起，严厉打击专利侵权假冒等违法行为，净化市场环境，维持公平竞争的市场秩序；开展了会展和电商领域知识产权执法工作，为广大消费者提供知识产权维权援助服务。

4. 严格落实国家知识产权方面的法律法规

深入西宁、海东、海西园区企业开展调研工作，以座谈会、培训班、知识产权服务机构入驻园区工作站等多种形式开展知识产权法律法规宣传培训和服务工作。

（七）完善科研诚信管理体系，转变政府职能进一步放管服

1. 推进制度建设，制定完善相关文件

为深入贯彻《关于进一步加强科研诚信建设的若干意见》、《国务院关于印发社会信用体系建设规划纲要（2014～2020年）的通知》、《青海省社会信用体系建设规划（2014～2020年）》、《青海省人民政府关于建立完善守信联合激励和失信联合惩戒制度加快推进社会诚信建设的实施意见》等文件精神，结合青海省科研诚信工作实际，起草了《青海省省级科技计划科研信用管理办法》和《青海省关于进一步加强科研诚信建设的实施意见》，正在修改完善之中。

2. 推进简政放权，减少和下放行政审批事项

坚持简政放权、放管结合、优化服务“三管齐下”，全面清理行政审批事项，适时调整行政审批事项目录向社会公布。共涉及科技行政审批项目17项，其中取消行政审批15项，取消工商登记后置审批1项，前置改为后置审批1项。为加强事中和事后监管的要求，印发了《青海省科技厅关于

落实国务院省政府取消调整行政审批事项清理和后续衔接监管工作的通知》，确保取消事项工作无缝衔接和平稳过渡，做好行政审批事项取消调整后续衔接监管工作。

3. 加强行政审批监督，做好政务服务事项清单编制和证明事项清理

结合青海科技部门制定的权责清单，完成了省科技部门政务服务事项目录清单和实施清单，对每个政务服务事项进行编码，制定流程图、办事承诺书等。目前，青海省科技部门共有行政处罚 12 项、行政确认 11 项、行政奖励 1 项。根据《关于审核确认青海省政务服务事项目录清单和实施清单数据的函》（青编办函〔2018〕148 号）要求，完成政务服务事项目录清单和实施清单审核确认工作，审核完成实施清单数据 24 条，并针对法制办合法性审查意见提出的问题进行了修改完善。完成涉及产业产权保护、证明事项、生态环境保护、证明事项的规章、规范性文件的清理工作。

4. 认真开展现行排除限制竞争政策措施清理工作

为防止出现排除、限制竞争的情况，按照“谁制定、谁清理”的原则，自 4 月以来，对青海科技部门制定的涉及市场主体经济活动的规章、规范性文件和其他政策措施进行了梳理，并严格对照公平竞争审查标准进行了清理。经梳理，涉及市场主体经济活动的规章 3 个，省科技部门发规范性文件 28 件，以省政府及省政府办公厅名义印发的行政规范性文件 18 件，以省委及省委办公厅名义印发的政策措施 7 件。

5. 加强事中事后监管，认真开展“双随机、一公开”工作

为进一步规范专利行政执法行为，公正文明地开展专利执法工作，省科技部门对涉及的随机抽查事项、执法人员及市场主体进行了梳理，对随机抽查事项清单在门户网站进行了公布，明确了抽查依据、抽查主体、抽查内容和抽查方式，不定期的从中随机抽取检查对象。

（八）营造宽松创新环境，激发创新创造活力

1. 不断优化创新环境

积极落实企业研发费用税前加计扣除政策，完成 2018 年度 154 家企业

研发费用加计扣除鉴定工作，鉴定额13.5亿元，落实2017年度加计扣除补助1400万元；召开青海省首届专利奖颁奖大会，对获得第十九届中国专利优秀奖和获得首届青海省专利金奖、银奖的专利权人进行表彰和奖励；开展专利行政执法检查10次，涉及商品万余件，查处假冒专利及专利标识不规范案件30起。

2. 强化企业创新主体地位

着力提升青海省企业创新实力，推动企业真正成为研发投入、技术创新活动和创新成果应用转化的主体。重点对高新技术企业、科技型企业评价体系进行优化，通过建设和优化企业数据库，引导企业规范化管理，进一步提升了高新技术企业、科技型企业及科技“小巨人”企业综合实力和竞争力。

3. 加强科技创新平台建设

新认定3家省级重点实验室，4家科研科普基地。完成对38家科研机构、11家科技企业孵化器和26家众创空间绩效评价工作，对60个省级重点实验室和64家省级工程技术研究中心进行了年度考核评估，通过绩效评估，进一步提高了科技创新平台的创新能力和服务水平。开展2017年度大型科学仪器设备开放共享服务评估考核和2018年度大型仪器共享服务补贴工作。完成2018年度和2019年度大型仪器购置需求的征集、查重及评审工作，确定购置仪器17台。

4. 继续深化人才体制机制改革

围绕“高端创新人才千人计划”、学科带头人队伍建设等不断完善高层次科技人才集聚机制，重点培养集聚一批发展急需的创造型、复合型、外向型高素质科技人才，加快聚集和培养高层次科技创新人才。组织开展“青海学者”初审，推荐王体虎、潘彤等12人为首届“青海学者”候选人，最终5人入选。组织中科院驻青两所申报第三批“青海省高端创新人才千人计划”。完成第十三批自然科学与工程技术学科带头人的选拔认定工作，共选拔学科带头人51名，并对前十二批368名学科带头人进行了评估考核。

5. 持续推动创新创业

为进一步促进科技成果资本化、产业化，充分释放全社会创新创业潜能，在更大范围、更高层次、更深程度上推进大众创业、万众创新，培养壮大经济发展新动能，制定出台了《青海省关于强化实施创新驱动发展战略进一步推进大众创业万众创新深入发展的实施意见》（青政〔2018〕28号），印发了《青海省创新券管理办法》，安排500万元开展青海省科技创新券服务工作；牵头完成第四届交行杯大学生创新创业大赛。

（九）督查实施创新驱动发展战略纲要，区域科技活力和创新水平不断提升

1. 完善相关配套政策

按照青海省委、省政府以政策推动实施方案各项任务落实的要求，各牵头单位主动对接，积极作为，相关配套政策已出台19个，完成率达63%。其余11个配套政策也相应进入前期调研、征求意见等阶段。已经提前完成任务目标指标3个，分别是企业工程（技术）研究中心和重点实验室数量、万人发明专利拥有量、知识密集型服务业增加值比重。目前，青海省企业工程（技术）研究中心和省级重点实验室共125个，2017年青海省万人发明专利拥有量达到2件。知识密集型服务业增加值占全省生产总值的比重达到15.48%，提前实现了“十三五”的任务目标。实现了进度要求指标3个，分别是科技进步贡献率、企业研发投入占全社会R&D经费比重、具备基本科学素质的公民比例。科技进步贡献率基本上保持了年均1%的增量，预期2020年可达到实现科技进步贡献率达到55%这一目标。企业作为科技成果转化的载体，是科技创新投入的主体，2016年青海省企业投入创新活动的R&D经费为88585万元，占青海省R&D经费比重为63.3%，同比增长18.8%。企业创新的主体地位得到进一步加强，预期2020年可达到企业研发投入占全社会R&D经费比重的75%这一目标。由于“公民具备科学素质的比例”的指标值五年统计一次，2016年公民具备科学素质的比例为3.24%。自2016年以来，全社会对全民科学素质的稳步提升给予了高度重

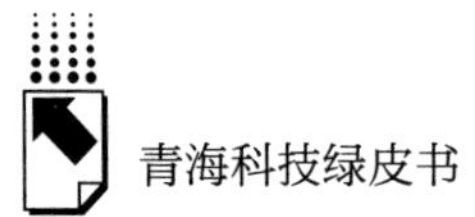

视，从科普经费投入增加、科普人员队伍结构优化、科普工作效率提高、科普活动形式多样化等方面开展了大量工作，为“公民具备科学素质的比例”指标的发展目标实现提供了坚实的基础和必要的保障。预期五年内可实现公民具备科学素质的比例达到4.5%这一目标。

2. 增强创新主体的创新活力

制定出台了《青海省高新技术企业和科技型企业“双倍增”及科技小巨人培育计划实施方案》（青政办〔2017〕100号），以数量和规模“双提升”为目标，坚持政策引导与资金支持相结合、科技服务与金融服务相结合、优秀企业发展与重点产业创新集群建设相结合的原则，突出“三型”企业创新能力建设，突出提升企业核心竞争力，发挥其引领经济转型升级的带头作用；按照梯次培育原则，建立了“三型”企业培育库。同时，搭建“科技企业统计分析平台”，形成了对“三型”企业的动态分析管理机制，力争针对性施策，为不同类型企业在创新过程中的不同环节、不同阶段提供集成化、专业化、网络化支撑服务。

3. 深入推进企业研发费用税前加计扣除工作

积极宣传落实相关优惠政策，并通过开展专题培训等方式，引导相关企业开展研发费用加计扣除工作。“十三五”以来，已累计完成对企业的1962个项目完成了研发费用加计扣除额鉴定工作，联合税务部门累计鉴定金额56.5亿元。2017年度完成鉴定金额达到24.54亿元，较“十二五”末年度鉴定金额增长62.8%。

4. 引导企业加大研发投入

设立企业研究转化与产业化专项，采用后补助的方式，引导相关企业逐步加大研发投入。“十三五”以来，累计安排后补助项目87项，预期带动企业研发投入超过13亿元；同时，设立高新技术企业奖励资金，引导相关企业积极对标高新技术企业，强化企业研发投入。

5. 聚焦实施乡村振兴战略和区域协调发展战略

落实《关于青海省推动县域创新驱动发展的实施意见》相关政策措施，启动科技创新驱动示范县（市、区）建设，乐都区、乌兰县、祁连县、河南县、甘德县五个县为首批创新试点县（区）。

6. 推动各创新示范区建设

推动高新技术产业园、农业科技园区、创新型产业集群发展和海南州国家可持续发展议程创新示范区创建工作，发挥国家高新区、国家农业科技园区的辐射引领作用。配合高新区管委会筹备组加快理顺青海国家级高新区体制机制，积极推动4个在建省级高新区的建设和培育，支持高新区内工程技术研究中心、科技企业孵化器和众创空间建设，形成从苗圃—孵化器—加速器全链条创新创业链条，全年新增各类创新创业平台12家。支持农业科技园区发展，对全省38个省级农业科技园区进行了绩效评估，按照《青海省农业科技园区管理办法》规定，对评价结果前10名的省级农业科技园区给予资金奖励。积极推动“西宁（国家级）经济技术开发区锂电创新型产业集群”培育，构建“正负极材料—薄膜—电解液—动力电池（储能电池）—电动汽车”产业链，推动锂电产业升级。全力推进海南州国家可持续发展议程创新示范区创建工作，制定了发展规划和建设方案，明确创新示范区战略定位、发展目标和重点举措。

（十）开展农牧业科技信息主动服务，促进农业科技成果转化

1. 不断提升科技服务能力

通过多次改版，不断完善和推广青海省农村信息化综合服务平台。根据科技特派员和农户的实际需求，开发了青海省农村信息化主动服务手机微信端和“青海省农牧区信息化综合服务平台”手机APP，农户在手机上即可随时查询所有服务信息内容，并可发布供求信息、问题咨询等。该平台结合海拔、温度、湿度、无霜期生态地理信息数据库及主要病虫害发生规律等信息，预先、主动地将品种特点、种植技术、病虫害防治、农产品加工等信息精准推送给农民、示范园区、生产基地和种植大户，开展覆盖农业生产全程个性化、智能化、精准化的主动推送服务和技术培训，达到主动采集处理发布信息、主动预测需求、主动为农牧业生产服务的目的。在服务过程中，依托青海大学新农村发展研究院，组建了一支能适应农牧区多方面信息需求的

省级农牧业信息化科技服务专家咨询队伍，组织服务专家167人，建成了农牧业信息资源开发及咨询专家库，对已选聘的科学家基本信息进行系统归档管理。2018年制定了《农牧区信息化主动服务专家服务协议》，明确了专家开展服务的方式、主要服务内容、工作任务、奖励机制等内容，对专家指导农户开展农业生产进一步进行规范。为了加强科技特派员管理，使其更好地开展农村信息化服务，重新制定和完善了《科技特派员工作管理办法（试行）》和青海省农村信息化科技特派员服务协议。目前，通过专家服务，已集成农牧业主要品种生产技术、病虫害防治等方案286套，面向农民推送农牧业生产、就业劳务、政策培训、村级事务管理等综合信息10.7万条。

2. 构建新型科技服务模式

依托农村信息化主动服务平台，对海东市平安区、乐都区、民和县、互助县和西宁市大通县、湟中县26.47万农户开展信息化科技服务，实现小麦、马铃薯、油菜、蚕豆、玉米等大宗农作物种植户信息化科技服务全覆盖。在播种前期，根据农户种植履历预填报情况，依照气候、土壤及作物品种特性，结合市场价格信息，组织专家通过平台向服务区农户重点推荐5大类18个适种优选农作物品种，同时科技特派员为农户提供生产机械、种子、化肥、农药、农膜等农资经销信息及配送服务；在生产过程中，围绕主推品种由专家制定相应的生产技术和病虫害防治方案，平台依据农作物生产时令推送相关技术信息。同时，录制作物品种的农业生产技术培训、病虫害防治培训、田间管理等远程视频培训课件，采用平台远程视频培训与专家现场培训等方式，对农户开展相关技术培训。科技特派员不定期走访服务农户，农户也利用电话、微信、手机短信等渠道与专家进行咨询和远程诊断；在播种后期，通过平台推送各地区农作物合理的收获方案及农机服务信息。对农户种植农作物进行产量预估，信息化平台发布产品销售信息，提前与市场对接。通过信息化服务平台电子商务系统，帮助农户进行网上销售，提高农户市场抗风险能力，促进农户增收。通过专家、科技特派员全流程的信息化主动服务，扩大了优良农作物品种的种植面积，使农户掌握了先进的种植技术，指导农户科学合理使用化肥、农药等投入品，不仅大大降低了农民的劳动强度，而且提高了生产效率。形成“服务精准化、生产规范化、咨询专业化、销售多样化”的新型农业信息化服务支撑体系。

3. 推动农业科技成果转移转化

根据农业种植品种，依托青海大学新农村发展研究院组建的专家服务团队，开展农户技术政策咨询、远程诊断、现场指导等相关服务。在技术供给侧，充分调动签约科学家积极性，在系统分析各地区自然地理条件的基础上，基于 GIS 农田管理与测土配方系统，对相关农业技术成果及标准进行了分类整理，针对主要作物生产技术，从土地整理、品种选择、播前准备、田间管理、采收等方面提出了集成化的技术包，推进了技术的轻简化。在技术应用侧，充分发挥科技特派员承上启下的纽带作用，依托省级农村信息化主动服务平台和科技特派员队伍，构建了“专家—科技特派员—农户”三位一体的青海省农村信息化主动服务模式，实现了农业科技成果从科研院所到农户的扁平化主动推送服务。

4. 优化农村科技服务队伍

2018 年，严格按照签订的服务协议对现有科技特派员进行考核，对考核评定为合格的特派员，保留其资格，对考核不合格、工作能力较差的解除聘用关系。与当地科技部门联合，从各基层部门中选择具有服务意向的人员，补充到科技特派员队伍中。目前，从事农村信息化服务的科技特派员已达到 1547 名。同时，为了加强科技特派员管理、更加明确科技特派员的工作任务，使其更好地开展农村信息化服务，重新制定和完善了《科技特派员工作管理办法（试行）》和《青海省农村信息化科技特派员服务协议》。

二　科技体制改革面临的形势及问题

（一）现有政策落实的深度和广度不足

目前青海省科技创新“四梁八柱”政策体系已基本建立，但是企业研发费用加计扣除、人才引进和激励、促进成果转移转化等各项改革政策落实的深度和广度仍不够，部分改革政策落实不到位，政策落实监管不到位，执行单位未制定相关实施细则等问题较为突出。

（二）成果转化障碍仍没有得到完全破解

在成果转化过程中，企业对科技成果的需求与科研机构产出成果之间存在较大差距。企业承接科技成果转化能力不强。科技成果转化机制需进一步完善。科技成果处置权、转化后利益分配机制尚未深入落实。

（三）激励科技人才创新的机制不健全

青海省科技人才总量不足、层次低、分布不合理，难以形成科技创新和科技产业开发的“团队效应”。现有科技基础平台在软硬件建设方面与先进地区比较还有很大差距，服务能力不足，科研人员待遇普遍不高，造成吸引集聚国内外高层次人才的动力不足。

（四）创新创业的体系不够健全

青海省发展基础薄弱，各类创新创业要素缺乏，创新创业成本较高，创新创业成功率较低。企业自主创新的内在动力不足，拥有高水平的研发机构较少，自主创新能力亟待提升。需加快建立企业为主体、市场为导向、产学研相结合的技术创新体系。

三　2019年青海省科技体制改革方向及展望

今后一个时期科技体制改革工作将以习近平新时代中国特色社会主义思想为指导，坚持稳中求进工作总基调，坚持新发展理念，紧扣青海省情，坚定实施创新驱动发展战略，以建设创新型省份为目标，突出创新引领发展的第一动力作用，强化科技创新对建设现代化经济体系的战略支撑。全面深化科技体制改革，优化创新创业环境，加强创新能力开放合作，建设富裕文明和谐美丽新青海。

（1）充分发挥青海省科技体制和创新体系领导小组办公室的作用，强化《青海省贯彻〈国家创新驱动发展战略纲要〉实施方案》各项任务的统筹协调。完善台账管理，强化监督问效，对照政策出台清单，协调推动政策出台。

（2）落实“抓战略、抓规划、抓政策、抓服务”要求，深入转变政府职能，全面深化科技体制改革，抓落实、补短板、求实效，增强改革的系统性、整体性、协同性。坚持把推进供给侧结构性改革作为科技创新的重大需求，大力培育新动能，支撑青海省经济发展。

（3）坚持把人才作为创新驱动发展的第一资源，在创新实践中发现人才，在创新活动中培育人才，在创新事业中凝聚人才，培养造就一批科技人才、科技领军人才、青年科技人才和高水平创新团队。

（4）进一步营造科技体制改革政策环境。重点围绕国家和青海省委、省政府深化体制机制改革的总体布局，不断完善优化科技政策环境，着力解决政策贯彻落实层面的短板问题。

（5）完善科技评价制度。落实《中共中央办公厅、国务院办公厅关于深化项目评审、人才评价、机构评估改革的意见》，优化科研项目评审管理，建立科技诚信体系，建立分类评价指标体系和评价程序规范，为科研人员和机构“松绑减负”。

（6）着力推动县域科技创新。聚焦实施乡村振兴战略，落实《关于青海省推动县域创新驱动发展的实施意见》相关政策措施，结合各县经济发展需求和科技工作水平，突出重点，分类指导，形成各具特色的县域科技创新发展格局，推动县域经济发展。

（7）完善科研诚信体系建设。进一步完善科研诚信管理工作机制和责任体系、加强科研活动全流程诚信管理，着力打造良好科研环境。

专　题　篇

Special Topic

G.3
2018年青海科技计划与重大科技项目评价报告*

摘　要： 结合《青海省“十三五”科技创新规划》和《青海省贯彻〈国家创新驱动发展规划纲要〉实施方案》等文件精神，青海省以建设创新型省份为目标，从绿色产业技术体系构建、重大科技创新工程实施、重大科技行动推进、科技体制机制改革深化等方面对全省科技创新工作进行了布局并取得了新进展。

关键词： 科技计划　产业技术体系　创新载体　青海省

青海省科技部门以项目部署引领科技创新工作，进一步落实青海省

---

* 课题组成员：毛学荣、张艳、张巍山、许兆、马冠奎、李琴、赵润身。

“十三五”科技创新规划目标，在绿色产业技术体系、重大科技创新工程、重大科技行动推进及科技体制机制改革等领域取得了若干重要进展。

一 2018年科技计划项目资助强度

为切实推进具有青海特色优势的区域创新体系建设，加快步入创新型省份行列，结合《青海省“十三五”科技创新规划》重点任务部署，制定了《2018 年青海省科技计划项目申报指南》（以下简称《指南》），对 2018 年科技计划项目重点资助方向进行适当引导。

2018 年，新开科技计划项目 326 项，安排资金 56482.3 万元，集中力量攻克制约经济社会发展的重大科技问题。

（一）项目资助经费概况分析

2018 年，青海省科技计划新开项目总计 326 项，涉及重大科技专项、重点研发与转化计划、基础研究计划、创新平台建设、企业技术创新引导资金等多个专项，拟资助经费累计达到 71081.3 万元，2018 年累计资助经费 56482.3 万元，累计科技投入 164925.77 万元，累计带动社会总经费 489300.82 万元。

2018 年，基础研究计划主要定位在应用基础研究、科技基础建设及整合资源的软科学等方面，部署项目数远多于其他计划类别，占 2018 年新开项目总数的 54.91%。基础研究计划主要面对经济社会、民生领域中基础研究等方面，涉及面广，开设项目多，但总经费投入相对较少，资助力度远不及其他计划类别。重大科技专项、创新平台建设、重点研发与转化计划重点解决青海省经济结构调整、产业转型中亟须解决的关键科技问题，针对性强，资助力度大。重大科技专项平均拟资助经费 1400 万元，平均拟资助经费强度远高于其他计划类别，充分体现了部署项目少，资助强度大的特点；创新平台建设专项计划次之，平均拟资助经费 877.09 万元；重点研发与转化计划平均拟资助经费 181.94 万元；基础研究计划平均拟资助经费最低，为 29.61 万元。

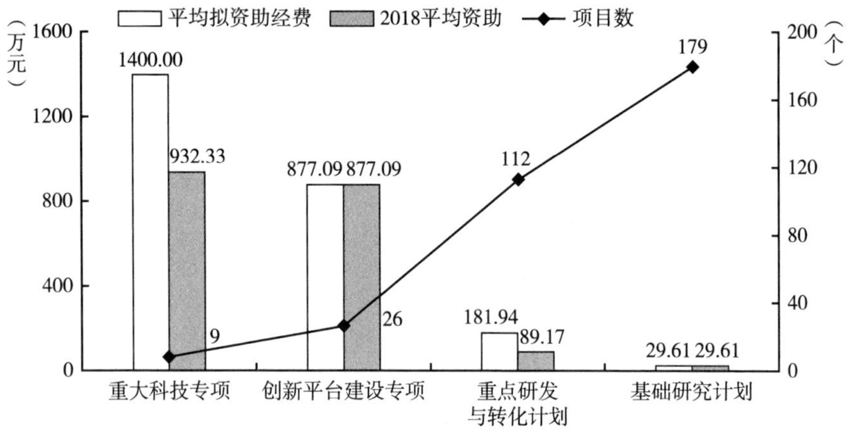

图1　2018年各科技计划平均资助情况

（二）拟资助经费与自筹经费配套比例分析

2018年，在各计划类别中，重大科技专项的自筹经费和拟资助经费的配套比例最高，为14.89∶1，说明重大科技专项的经费主要来源于自筹经费。重点研发与转化计划的自筹经费和拟资助经费的配套比例为10.62∶1。创新平台建设专项和基础研究两个计划的经费主要为政府的专项资助。创新平台建设专项的自筹经费和拟资助经费的配套比例为0.54∶1。基础研究计划的自筹经费和拟资助经费的配套比例为0.39∶1。这与基础研究计划的基本定位有关，基础研究计划主要是由高校及科研院所等科研机构承担的有关基础理论及软科学方面的研究，其经费的来源主要依靠政府财政拨款。

从各产业技术体系的自筹和拟资助经费配套比例来看，各技术体系的经费主要为自筹经费。其中，新能源产业技术体系、先进制造产业技术体系和新材料产业技术体系的配套比例较高，分别为29.32∶1、13.84∶1和11.42∶1，这三个产业技术体系从企业中的筹集经费强度相对较高。高原医疗卫生与食品安全产业技术体系的自筹经费强度相对较低，配套比例约为2.02∶1。

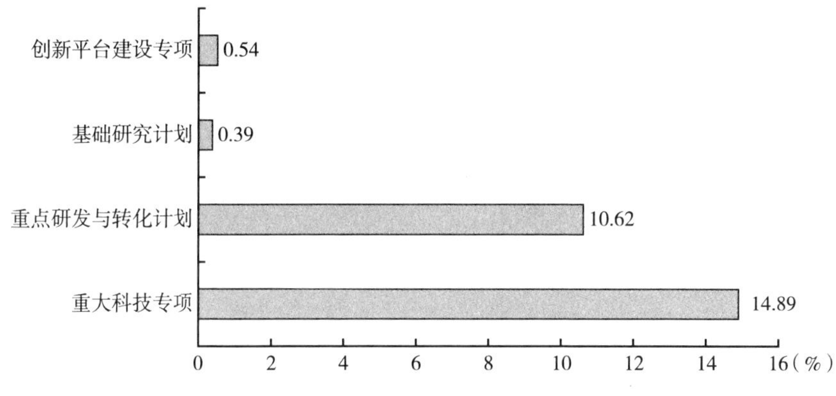

图 2　各计划类别自筹和拟资助经费配套比例

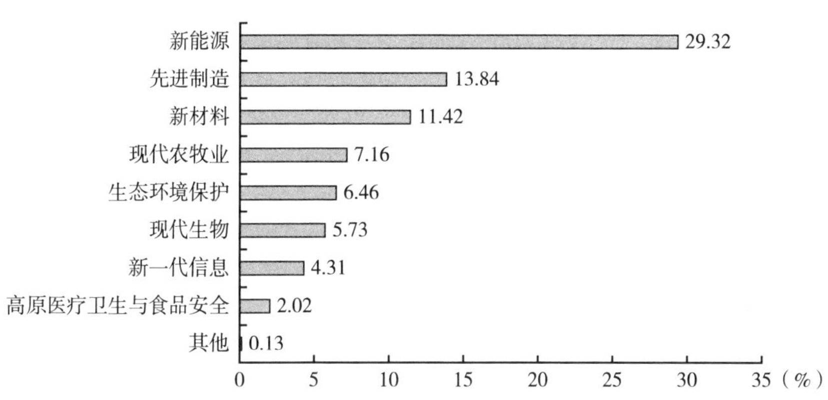

图 3　各产业技术体系自筹和拟资助经费配套比例

（三）拟资助经费带动社会科技投入与总经费关系分析

2018 年，在各计划类别中，重大科技专项的拟资助经费带动的社会科技投入、总经费和自筹科技投入比例在所有计划类别中是最高的。重点研发与转化计划的带动比例也相对较高。而创新平台建设专项和基础研究计划拟资助经费带动的社会科技投入、总经费和自筹科技投入比例明显低于其他两个计划。

从各产业技术体系拟资助经费带动的社会科技投入和总经费比例来看，

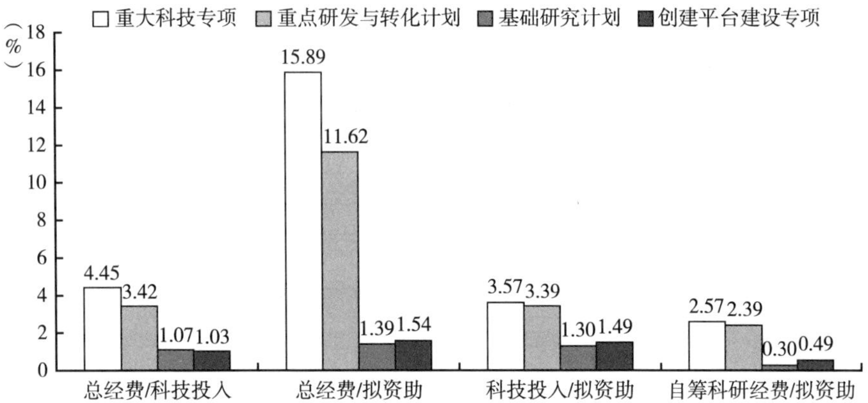

图4 各计划类别拟资助经费带动的社会科技投入和总经费比例

新能源产业技术体系、新材料产业技术体系和先进制造产业技术体系带动经费的比例较高。其中，拟资助经费带动的科技投入分别为3.57倍、3.6倍和3.48倍，带动的自筹科技投入分别为2.57倍、2.6倍和2.48倍，带动社会总经费分别为30.32倍、12.42倍和14.84倍；科技投入带动的社会总经费分别为8.49倍、3.45倍和4.27倍。其他技术体系拟资助经费带动的社会科技投入和总经费比例相对较低。

二 2018年科技计划项目重点产业技术体系

2018年，青海省级科技计划项目部署涵盖了《青海省“十三五”科技创新规划》提出的科技发展重点技术体系。

（一）计划类别的产业技术体系结构

围绕《青海省“十三五”科技创新规划》中提出的重点任务，2018年青海省科技计划项目部署在不同技术体系，各有侧重，又有互补，既符合《2018年青海省科技计划项目申报指南》中对各计划类别的基本定位，又能满足青海省经济社会发展需要。就项目数而言，2018年科技计划项目产业技术体系主要分布在高原医疗卫生与食品安全产业技术体系、现代农牧业产业技术体系、新材料产业技术体系、生态环境保护产业技术体系、现代生物产业技术体系、新一代信息产业技术体系，其新开项目数超过当年新开项目数的 90.49%。

经费资助方面，2018 年现代农牧业产业技术体系是拟资助经费最多的技术体系，占全年新设项目产业技术体系的 15.72%，新材料产业技术体系紧随其后，占 14.79%。不同计划类别对不同领域各有侧重，定位不同，支持力度也不同。

（1）2018 年青海省重大科技专项计划项目在新能源产业技术体系、新材料产业技术体系、现代农牧业产业技术体系、生态环保产业技术体系、新一代信息产业技术体系五大产业技术体系进行了项目部署。开设重点集中在生态环境保护产业技术体系，2018 年拟资助经费占重大科技专项拟资助经费总额的 20.63%。

（2）2018 年重点研发与转化计划中，现代农牧业产业技术体系是项目部署及经费资助最多的领域。其拟资助经费占重点研发与转化计划拟资助经费总额的 34.03%，新材料产业技术体系、生态环境保护产业技术体系、新一代信息产业技术体系、新能源技术产业体系占比为 17.73%、11.66%、10.6%、9.96%。重点研发与转化计划对新材料产业技术体系、生态环境保护产业技术体系、新一代信息产业技术体系、新能源产业技术体系拟资助经费将近 50%，是 2018 年重点研发与转化计划的资助重点。

（3）2018 年基础研究计划在高原医疗卫生与食品安全技术体系部署项目最多，有 44 项，占基础研究计划的 24.58%；其次为生态环保产业技术体系、现代生物产业技术体系、新材料产业技术体系、新一代信息产业技术体系，分别开设 32 项、26 项、24 项和 24 项，占比为 17.88%、13.4%、14.53% 和 13.4%。从资助经费来看生态环境保护技术体系的科技投入、拟资助经费和 2018 年资助经费最高，同时带动社会总经费也最多。

（4）2018 年创新平台建设专项中重点实验室、科技基础条件平台、工程技术研究中心、省级临床医学研究中心 4 个子计划在新能源产业技术体

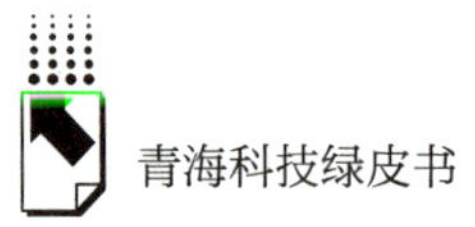

系、新材料产业技术体系、现代农牧业产业技术体系、现代生物产业技术体系、生态环保产业技术体系、高原医疗卫生与食品安全产业技术体系、新一代信息产业技术体系均有项目部署。其中，新材料产业技术体系部署项目最多，为 6 项，其次为高原医疗卫生与食品安全技术体系和新一代信息产业技术体系，分别为 5 项和 4 项。

（二）产业技术体系分布

2018 年，高原医疗卫生与食品安全技术体系开设项目最多，占 2018 年新开科技项目总数的 17%。其次为现代农牧业产业技术体系和生态环境保护产业技术体系，项目数占比均为 16%。高原医疗卫生与食品安全技术体系是 2018 年青海省科技项目的主要部署领域，围绕健康青海建设，以提升全民健康水平为目标，依托高原医学重点实验室开展高原病、地方病等重大疾病的防治示范。

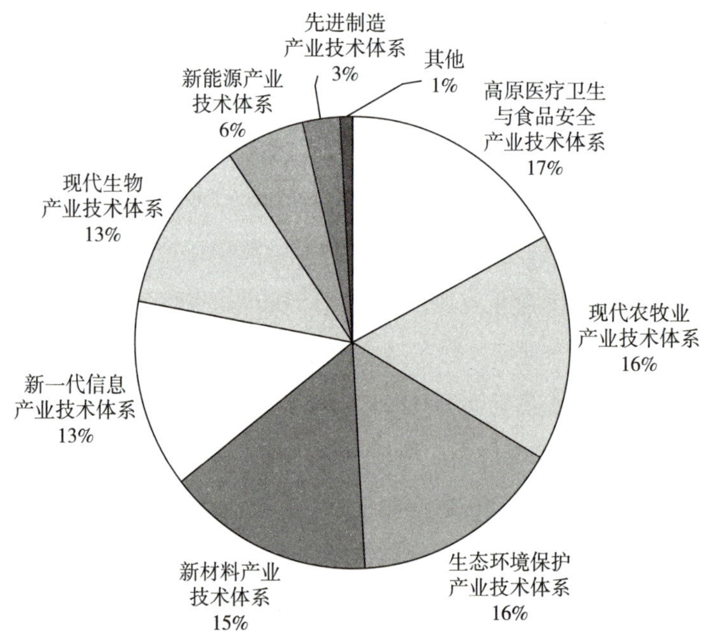

图 5　2018 年青海省科技计划领域项目数占比分布

(三)2017 ~2018年产业技术体系分布对比

与2017年相比，2018年科技计划项目的重点技术体系侧重有所不同。从经费资助来看，2018年现代农牧业产业技术体系和新材料产业技术体系仍是拟资助经费最高的领域，而现代农牧业产业技术体系和生态环保产业技术体系是当年资助经费最高的领域。现代农牧业产业技术体系和生态环保产业技术体系是2018年青海省科技计划项目的重点资助领域。由此可见，“十三五”期间，青海省科技计划项目每年部署的重点有所不同，各领域协同发展。

表1　2017年和2018年青海省科技计划重点领域侧重

项目数		拟资助		当年资助经费	
2017	2018	2017	2018	2017	2018
高原医疗卫生与食品安全	高原医疗卫生与食品安全	现代农牧业	现代农牧业	现代农牧业	现代农牧业
现代农牧业	现代农牧业	新材料	新材料	高原医疗卫生与食品安全	生态环保
新材料	生态环保	高原医疗卫生与食品安全	生态环保	新材料	新材料
生态环保	新材料	新能源	新一代信息	新一代信息	新一代信息
新一代信息	新一代信息	新一代信息	新能源	新能源	高原医疗卫生与食品安全
现代生物	现代生物	生态环保	高原医疗卫生与食品安全	生态环保	现代生物
先进制造	新能源	现代生物	现代生物	现代生物	新能源
新能源	先进制造	先进制造	先进制造	先进制造	先进制造

(四)2018年产业技术体系中关键技术分布

从《青海省“十三五”科技创新规划》文本中提取八大产业技术体系及其他体系构建所需要重点突破的关键技术，然后向青海省科技管理部门相关业务处室征求意见并进行修正与补充，进而结合其技术类型对确认的关键技术进行分层级划分，可细化出33个关键技术簇族和79项关键技术。从

2016～2018 年新立项项目中提取出所部署项目的研究主题及技术指标信息，对各年度所研制技术与规划中关键技术的内容进行比对，主题有重合或交叉则表示两者匹配，以此确定科技计划项目与规划的技术匹配性。

从综合匹配性来看，2016 年、2017 年和 2018 年科技计划项目部署已开展研制的技术与规划中关键技术的匹配性表现都较为良好，已形成匹配的关键技术分别为 54 项，55 项和 74 项，占规划所列关键技术的比重分别达到 68.35%，69.62% 和 93.67%，这些技术的成功研制势必会对青海省加快创新型省份建设起到积极的推动作用。

从年度匹配重合度来看，2018 年对 2016 年和 2017 年没有相关项目部署的 12 项关键技术进行了项目部署。这很好地体现了“十三五”科技创新规划目标有序进展的良好态势。

从技术匹配领域分布来看，不同产业技术体系的技术匹配性差异较显著。现代生物产业技术体系连续三年均实现关键技术的完全匹配，表现最为突出。截至 2018 年新材料产业技术体系，现代农牧业产业技术体系、高原医疗卫生与食品安全产业技术体系已全部实现关键技术的完全匹配。

此外，还有 5 项关键技术目前仍未开展研制工作，占规划所列关键技术的比重为 6.32%，这些待突破的关键技术主要集中在新能源产业技术体系（2 项）、先进制造产业技术体系（1 项）、生态环保产业技术体系（1 项）、新一代信息产业技术体系（1 项），这也将是“十三五”中期评估之后青海省科技管理部门编制年度项目申报指南以及部署科技计划项目时应该重点关注的技术突破口。

三　2018年科技计划项目创新载体合作网络

（一）创新载体分布分析

企业、高校科研机构、行政事业单位等多类型机构参与承担了 2018 年科技计划项目。不同科技计划项目类别在科技项目部署中对不同类型机构各有侧重，但又相互互补。在重大科技专项、重点研发与转化计划及创新平台建设专项实施过程中，企业、高校科研机构以及其他行政事业单位积极参与项目实施，其中企业和其他单位的参与占据主体地位。在基础研究计划中，高校科研机构在参与的承担单位中占据主体地位，具有明显的优势，企业参与度相对较低。出现这种分布，主要与基础研究计划的基本定位有关，基础研究计划主要关注一些具有前瞻性、全局性、带动性技术的前期基础理论研究，更加需要高校科研机构的参与。

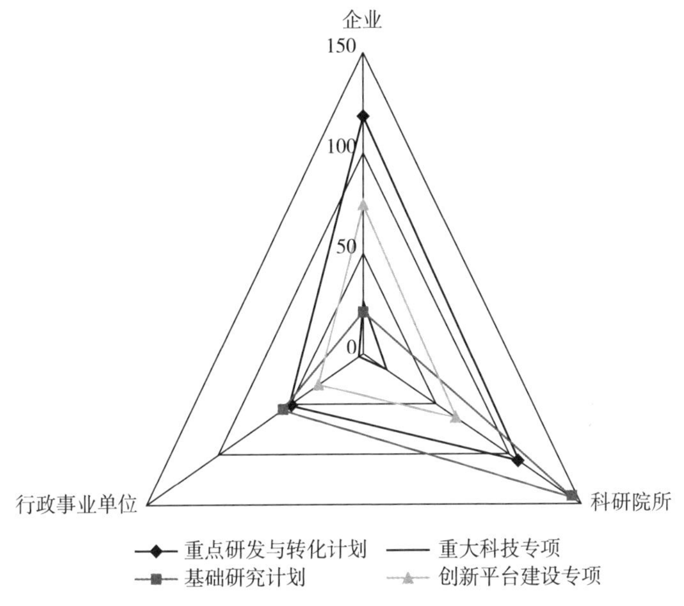

图 6　2018 年青海省科技计划创新载体分布

（二）创新载体合作网络

1. 创新载体（承担单位与合作单位）活跃度网络

为了分析创新载体参与合作情况的变化，将 2017 年和 2018 年创新载体合作网络图进行对比。为凸显参与单位之间的合作关系，分别展示了 2017 年和 2018 年去除孤立点之后的合作网络。

一是合作网络结构均比较松散，有众多彼此孤立的小团体；二是 2018

年在完成的青海省科技计划项目中，虽然活跃度较高的仍是高校与科研院所，但企业的参与主体地位呈现逐步提升的趋势；三是从合作领域来看，主要集中在盐湖、农牧业科技、医药卫生和交通运输方面，主体集聚现象尤为明显，已初步呈现出创新集群雏形。

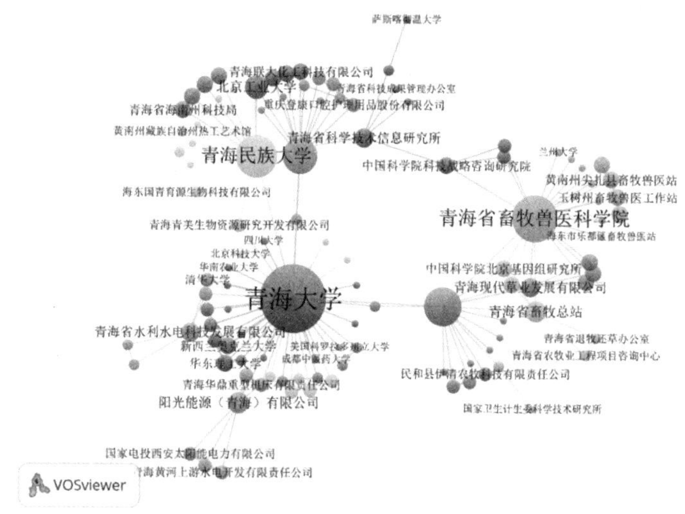

图 7　2017 年青海省科技项目参与单位合作网络示意

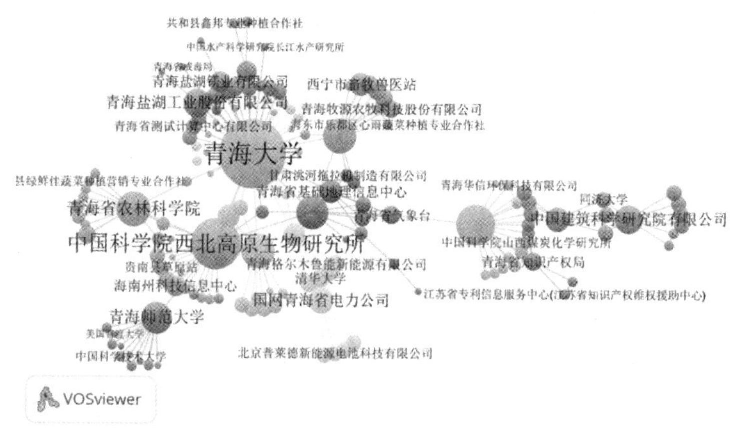

图 8　2018 年青海省科技计划参与单位合作网络示意

2. 创新载体（承担单位与合作单位）经费流动强度网络

在创新载体经费流动强度网络中，圆形节点表示参与项目的承担单位，方形节点表示参与项目的合作单位。由于网络节点和连边较多，在图9中去除了孤立节点。通过创新载体经费流动强度网络发现，从承担单位获得较高经费的单位主要为参与完成项目的企业，高校和科研院所分配到的经费较少。这可能与项目的部署属性相关，高校和科研院所主要参与完成一些基础学科的研究型工作，而企业参与的项目可能与产业化或者一些关键技术的突破相关，因此经费分配强度也有所不同。

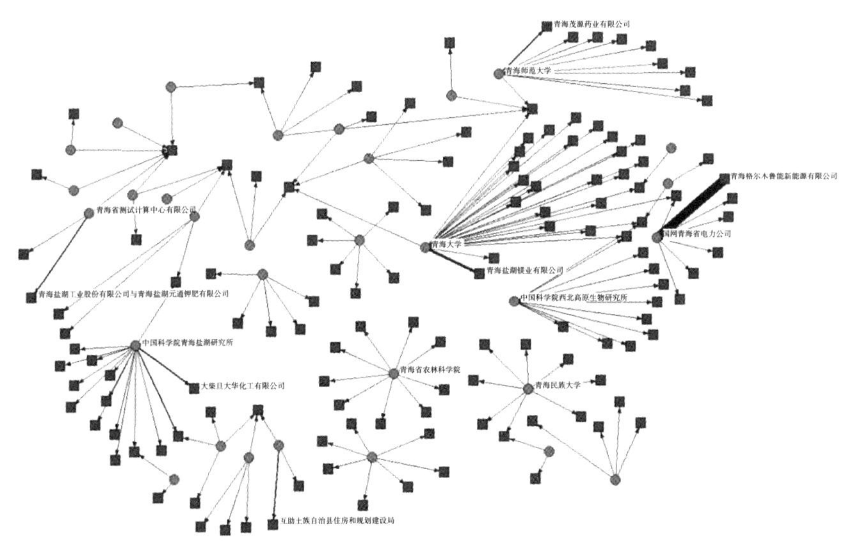

图9　2018年科技项目参与单位经费流动强度网络示意

四　2018年青海省科技创新亮点

2018年度，青海省科技创新工作在绿色产业技术体系构建方面、重大科技创新工程实施方面、重大科技行动推进方面和科技体制机制改革深化方面有诸多亮点。

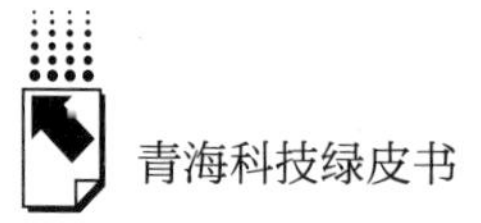

（一）绿色产业技术体系构建

1. 实现新能源产业技术体系的关键技术突破

（1）含大型光伏电站的多种能源发电联合运行控制关键技术研究。研发了光伏电站模型在线参数辨识、风光电站有功无功快速控制、风光水气发电稳定控制、区域自动无功电压控制、风光水气联合优化调度等系统并开展示范应用；提出了基于主从两级在线电压安全域的含大型光伏电站区域省－地－场/站多级敏捷协调电压控制方法，解决了弱送端电网应对高渗透率光伏安全馈入的电压控制难题；提出了考虑风光出力相关性的运行风险评估和风光水气联合优化调度方法，首次在省级电网实现风光水气多种电源的有机协调调度；提出了基于不同类型电源发电功率调控权重和组合控制措施参与因子标幺化的启发式算法，实现了多源组合紧急稳控的最优决策；提出了基于参数测试和离线模型参数库的光伏电站模型参数在线辨识方法，适应了快速波动条件下的光伏电站建模要求。研究成果充分挖掘了电网新能源消纳能力，提高了多种能源综合利用效率，促进了多种清洁能源的互补利用，为清洁能源并网和能源安全高效综合利用提供了技术支撑。

（2）以太阳能为主的多种能源综合利用微网系统关键技术研究。在青海省西宁市湟源县兔尔干村建成国内首个农村社区 100% 可再生能源热电联供微能源系统，开发完成了多种能源综合利用微网系统规划设计软件，建成了以太阳能光热利用为主的多种能源综合利用实验模拟系统，突破了社区级多种能源综合利用热电联供系统耦合设计集成技术，攻克了适合农村地区的太阳能供暖系统优化设计及运行控制技术，开发了含社区级能量管理、家庭能量管理的分布式协同能量管理系统。相关成果已在青海西宁、山东烟台和西藏等地区推广应用，为我国乡村振兴过程中可再生能源综合利用提供了重要的技术支撑。

2. 推动新材料产业技术体系的工艺推广应用

（1）玻璃纤维增强碱式硫酸镁水泥复合板材制备工艺及耐久性研究。在制备工艺方面，确定了原料摩尔比、水灰比、氧化镁活性、玻璃纤维网格布添加方式、养护温度等因素对复合板材力学性能、表观密度、微观结构的影响规律和机理，优化了玻璃纤维增强碱式硫酸镁水泥复合板材的工艺参数。在耐久性方面，采用快速热老化和快速冻融循环的方法考察了复合板材的耐久性能，结合微观分析得出复合板材的耐久性机理，并合理有效地评价了其在自然环境中的使用寿命。

（2）世界规模最大盐湖氯化锂熔盐电解法生产金属锂示范线贯通。青海省格尔木市金昆仑锂业有限公司年产3000吨金属锂生产线联动试车成功，标志着全球最大规模盐湖氯化锂熔盐电解法制取金属锂生产线实现全线贯通。作为青海打造千亿级锂产业的关键产业链项目，以本地盐湖卤水为原料提取无水氯化锂，开展了盐湖氯化锂熔盐电解金属锂过程中杂质成分影响及机理研究，以及两段法碱液吸收电解副产物氯气工艺优化研究，为进一步优化原料净化工艺，深度去除氯化锂中硼酸根、硝酸根和酸不溶解物等杂质，实现清洁工艺生产和副产物氯气经济化利用提供了理论和技术支撑。

3. 加快现代生物产业技术体系的特色开发利用

（1）藏牦牛品质杂交利用及特色产品开发技术研究。聚焦牦牛资源的利用和开发，首次引进欧洲玛琦加娜和琦安妮娜牛冻精与青海牦牛进行种间杂交，开展野外牦牛人工授精、杂交犏牛生产性能、牛肉品质以及牦牛肉、奶加工研究，野外牦牛人工授精受胎率达到72.7%，杂种牛初生重平均23.4千克，2周岁体重平均178.8千克；生产优良杂种牛521头，开发特色肉、乳新产品2种，实现总产值785.15万元，新增产值362.2万元。

（2）甘蓝型油菜橘红花色基因定位研究。研究获得的与甘蓝型油菜橘红花色基因紧密连锁的分子标记不仅可以用于分子标记辅助选择育种，还为进一步克隆甘蓝型油菜橘红花色基因和揭示甘蓝型油菜花色形成的分子机理奠定了基础。

（3）高原环境对枸杞黄酮、类胡萝卜素次生代谢物质合成的影响研究。从分子生物学层面解释了青海高原环境条件下产生高品质枸杞的原因，为青海枸杞资源开发和品种选育提供了科学依据和技术支撑。

（4）基于RNA-seq技术的花斑裸鲤低氧适应研究。为揭示高原土著动

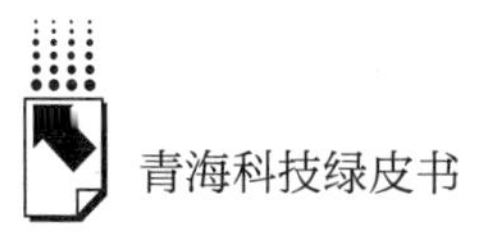

物对高海拔低氧环境的适应机制积累了科学数据，为高原土著鱼类的资源保护和创新利用奠定了基础。

（5）优良冬虫夏草蝙蝠蛾筛选研究。对冬虫夏草菌子囊孢子多细胞异核体的研究自主创新程度高，社会、生态和经济效益显著，对冬虫夏草产业的持续健康发展具有重要意义。

（6）柴达木枸杞产业提质增效综合配套技术集成示范研究。形成了柴达木枸杞篱架栽培综合配套技术体系；培育出枸杞良种“青杞 2 号”和“青黑杞 1 号”，研究形成了以枸杞嫩枝扦插育苗、组培育苗为主的育苗技术体系；开展了枸杞良种种苗快繁技术集成示范，累计培育良种种苗 600 万株，建立示范基地 3000 亩，示范区枸杞良种苗木占有率达到 90% 以上，田间节水达到 20% 以上，水分的有效利用系数提高到 0.85 以上，形成了篱架设施条件下枸杞提质增效综合配套技术措施；改善了干果加工生产工艺，形成枸杞制干过程中不添加任何添加剂、“三效空气能脱水干燥”与“热能回收利用”相结合的技术，全程实现自动化；改善枸杞鲜果加工工艺，实现了枸杞产品规模化生产；编写了枸杞籽油的企业质量标准；开展了枸杞产品质量安全评价，制定青海枸杞质量安全管控指南方案，建成枸杞产地、产品基本信息数据库、枸杞质量安全信息数据库，编制完成枸杞产品质量安全追溯信息采集、编码、标签标识规范行业标准草案，建立了枸杞产品质量安全追溯平台。

（7）青藏高原牦牛高效安全养殖技术应用与示范研究启动。围绕牦牛产业提质增效和转型升级面临的牦牛“生产性能低”和“生产效益低”的“双低”问题，通过对牦牛“饲养”、“繁育”、“疫病”和“加工”等关键环节中的技术集成创新与示范，形成牦牛高效安全养殖技术体系和养殖模式，建立相应的样板工程，有效支撑和引领青藏高原牦牛产业绿色健康发展。

4. 提供农牧业产业技术体系的必要发展支撑

（1）青藏高原社区饲草增产增效关键技术研究。突出了社区参与式的科技示范，为青藏高原典型社区饲草生产提供了可复制、可推广、可借鉴的示范样板。

（2）青海高原高产 CLA 复合青贮菌剂创制及应用示范研究。筛选出 2 种植物乳杆菌株（命名为 ANCLA2、DWCLA1），创制了 1 种青贮复合菌剂（优贮一号）。饲喂试验表明，青贮菌剂青贮全株玉米饲喂奶牛后，每天每头奶牛可提高产奶量 2. 04kg，牛奶中共轭亚油酸的含量达到 213. 14ug/ml。

（3）青海省高原特色农作物现代种业创新体系建设研究。围绕杂交油菜、脱毒马铃薯、粮草双高青稞和特色蔬菜等青海省高原特色作物种业发展需求，通过开展制繁种技术、新品种配套种植技术、种子加工技术和种业信息技术等研发示范工作，结合国家级油菜和马铃薯制繁种基地以及省级青稞和特色蔬菜制繁种基地建设，着力打造一批立足青海、服务全国的标准化、规模化、集约化、机械化的高原特色种子生产基地，为将青海省建成全国重要的杂交油菜制种基地、脱毒马铃薯繁种基地和藏区青稞繁种基地及特色蔬菜种植基地提供有效科技支撑和引领示范作用。

（4）青藏高原现代牧场技术研发与模式示范研究。主要从优质饲草供给和精准利用关键技术、绿色有机畜产品生产技术、现代牧场资源管理与经营体系建立、草畜生产和溯源全程数据采集、典型特色现代牧场模式示范五方面着手研究，依照待建牧场地区资源禀赋差异，配套集成针对性的天然草场利用、人工草地种植、优质饲草料加工、家畜健康养殖、绿色畜产品加工、全产业链溯源系统、现代经营体系、产业融合等技术，全面打造三江源有机牧场、湟水河智慧牧场、祁连山生态牧场、青海湖体验牧场、柴达木绿洲牧场等 5 个区域特色鲜明的现代牧场，实现特色畜牧业差异化发展，通过模式的区域适应性评价及纠正，最终形成可推广可示范的青藏高原现代牧场模式，为青海传统畜牧业转型升级提供科技支撑和样板。

5. 形成生态环保产业技术体系的典型技术示范

（1）柴达木盆地盐湖区盐生植物改良土地盐渍化机理研究。研究表明，柴达木盆地盐湖区及其周边地区盐生植物能够显著降低土体含盐量；盐生植物根系具有增强土体抗剪强度的作用，有助于提高盐湖地区边坡稳定，增强土体抵抗风蚀和水蚀作用等。

（2）祁连山退化草地恢复及可持续利用技术集成与示范研究。针对祁连山区草地退化严重及利用不合理的现状，首次进行了适合祁连山区的黑土滩（坡）人工植被重建技术的研究与示范，通过返青期休牧技术的应用，提高了退化草地的生产功能，构建了可持续利用模式。恢复黑土滩示范面积共3.5万亩，退化草地恢复示范地植被盖度达82%～89%，建成多年生、一年生人工草地亩产鲜草分别达到850公斤和1800公斤，调制青干草100万公斤，加工颗粒饲料25万公斤，编制了《黑土坡植被恢复与重建技术规范》。

（3）青海湖流域生态水文过程与湿地恢复技术研究及应用。建成了从样地到流域的多尺度生态水文过程观测平台和青海湖流域生态水文要素观测数据库，填补了青海湖流域地表过程综合观测的空白；揭示了青海湖水位变化的主要原因；辨识了典型生态系统关键生态水文过程，确定了不同陆地生态系统的水分收支数量关系，建立了基于过程的叶片、生态系统和流域多尺度水分平衡机理模型；研发出天然灌草封育保护、乡土灌木扦插快繁、湖滨湿地秃斑修复、公路两侧沟垄种植等技术，建立试验示范区6000亩，河谷湿地和湖滨湿地示范区内单位面积生物量分别提高20%和14%，并在国家重点生态工程项目中得到推广应用，产生了明显的生态效益。

（4）三江源国家公园星空地一体化生态监测及数据平台建设和开发应用项目启动。通过建成生态监测数据平台，为三江源国家公园管理与生态保护决策提供定量化、高精度的空间信息支撑与精准化服务，形成强有力的科技支撑。

（5）三江源区高海拔城镇造林绿化关键技术研发与示范项目启动。项目将以多层次研发、区域化布局、针对性技术、集成化示范为手段，通过系统化、针对性的体系设计，形成完整独立的技术体系，开展高海拔区域特异性需求、适宜树种驯化筛选、苗木繁育技术研究、栽植养护技术研发、造林技术集成示范等系列研究。

6. 提升高原医疗卫生与食品安全技术体系的保障能力

（1）包虫病防治科技创新工作取得新进展。一是临床诊疗技术不断提高。围绕包虫病病原生物学特性、控制与阻断，开展“青海省人畜包虫病防控策略与创新技术应用”等项目，完成71例微波射频治疗、178例手术精准肝切除技术，基层技术成果推广治疗354例。目前，示范区犬带科绦虫感染率从防治前的34.4%降低到4.9%，包虫病感染率大幅下降，泡型包虫病诊疗技术水平大幅提升。二是基础研究不断加强。加强包虫病诊断创新、药物筛选和疫苗研制。明确泡型、囊型和混合型3种棘球绦虫的生物学特征、宿主及生活史特征。完成17种中藏药材的提取工作及化学成分的初步定性分析，获得致死率在80%以上的药材提取物6种。研发的“犬粪快速检测试剂盒”已在包虫病高发区采集犬粪样品进行灵敏感性和特异性检验，取得了初步效果。“包虫病影像诊断图谱”系列丛书研究成果获得国际领先水平。三是创新平台不断发展。在青海省包虫病重点实验室建设的基础上，设立专项支持青海省包虫病临床医学研究中心建设，整合国内外优势技术创新成果在基层集成转化、推广应用，有力提升基层包虫病预防诊治水平和服务能力。四是人才队伍建设不断壮大。大力培养省级包虫病防控研发人才、团队，1人入选青海省“高端创新人才千人计划”杰出人才、1人入选领军人才，6人入选省自然科学与工程学科带头人，培养硕士研究生89人，引进从事包虫病研究的“昆仑学者”2名、“三江源学者”2名，有力提升了包虫病研发水平。

（2）慢性高原病造血细胞凋亡变化及其分子机制研究。基于细胞代谢生理平衡的基本原理，研究了CMS骨髓红系前体细胞增殖及凋亡情况，以及细胞凋亡变化的主要机制和作用。研究明确了慢性高原病红系前体细胞增殖和凋亡变化，认为红系前体细胞增殖增强和凋亡下调是CMS红细胞过度积累的重要机制，而线粒体途径是CMS红系前体细胞凋亡下调的重要途径，为阐明CMS发病机制提供了新的重要科学依据。

7. 发挥新一代信息产业技术体系的衔接配合作用

（1）北斗卫星在农牧生产中的应用示范。以北斗卫星技术为基础，将4G、GIS、RS应用于高寒草地畜牧业中，初步建立了天地合一的天然牧草采集、监测系统，并应用于高寒草地畜牧业生产；建立了基于北斗的草地自动监测站和北斗生态畜牧业数据服务平台，为海晏县开展三级划区轮牧提供

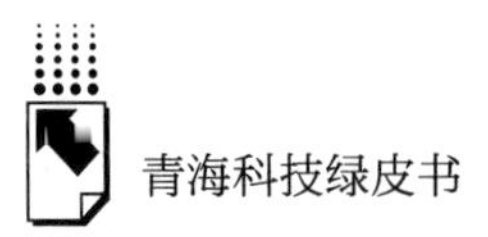

了指导；建成了4800亩轮牧试验示范区、牧草自动采集数据站12座和北斗落地指挥站1座，完成了基于北斗卫星信息系统的通信网络布控；研发“牧民通”北斗手持终端，制定了北斗卫星指导下的放牧方案，通过北斗短报文双向通信功能，向牧民播发游牧路线、草场动态、疫病防疫等信息1500余条；项目区草场利用率提高10%以上，年新增产值1100万元，生态、经济和社会效益显著。

（2）强化技术创新应用，改造提升文化产业。采用数字信息技术，开展热贡唐卡资源数字化抢救性采集与整理、数字文化遗产资源的储存与保护研究等工作，建立开发热贡唐卡文化遗产数据库和数字化展示共享平台，探索出了热贡唐卡艺术数字化建设与保护的新途径。

（3）开发数字网络媒体，畅通文化传播渠道。组织实施了“基于现代信息手段藏汉文新闻推送平台研发与示范”项目，开发出支持藏文同步加工的博客、手机客户端和藏文数字报等应用软件，实现了藏文信息一次性加工、多渠道发布，提高了信息发布效率和信息访问量。建立了支持检索和互动的藏文数字报生产发布平台，开发了藏文检索方法，解决了藏文数字报因缺乏藏文数字字典而无法实现界面检索和互动的问题，提高了藏文检索的准确率和效率，为推动青海“三区”建设，促进民族地区经济社会发展发挥了重要作用。

（4）中国盐湖资源变化调查研究。主要成果“中国盐湖资源与环境科学数据库”成为我国目前数据量最大的盐湖资源与环境科学基础数据共享系统。平台的建成为开展盐湖科学全领域多源、异构数据的高效融合及数据应用研究，实现盐湖科学跨域全面科研协同，推进盐湖信息资源整合与共享服务，以及盐湖资源的合理配置、高效利用奠定了基础。

（二）重大科技创新工程实施

1. 以主要领域科技创新基地为依托，带动特色产业科技创新工程

（1）国内首座大规模槽式商业化光热电站成功并网。青海省德令哈50兆瓦光热发电项目成功并网，填补了我国大规模槽式光热发电技术的空白，

使我国正式成为世界上第8个拥有大规模光热电站的国家。电站成功并网，意味着青海省在新能源领域已具备大型光热电站系统集成核心能力，并初步建成光热产业链，为我国更安全更经济地建设大容量太阳能聚热并网电站打下了坚实基础。

（2）青藏高原特色生物资源与中藏药创新型产业集群入选国家第三批创新型产业集群试点。青藏高原特色生物产业是青海（国家级）高新区的主导产业，目前，青藏高原特色生物资源与中藏药创新型产业集群共有规上企业41家，占高新区内规上企业总数的70%，汇聚创新型企业6家、高新技术企业27家、科技型企业32家。拥有专利128件，其中发明专利授权9件，拥有“三江源”、“金诃”“晶珠”、“康普”等8个国家驰名商标。

（3）成立青海牦牛产业联盟、召开牦牛产业大会。2018年6月，青海牦牛产业联盟在西宁成立，坚持科技创新和信息共享，推动青海省牦牛产业健康发展。

2. 以节能减排为导向推动生态环保科技创新工程

开展高寒高海拔地区绿色循环低碳公路技术与示范。研究为高寒高海拔地区推广绿色循环低碳公路积累了经验、树立了典范，有效发挥了科技创新对青海绿色交通发展的支撑和引领作用。

3. 以高原之家和信息化建设为重点助推农牧业科技创新工程

（1）扎实推进高原现代科技生态园（高原之家）建设。目前，全省6州20个县的高原之家建设主体已基本完工，并形成了一套较为成熟的管理体制。

（2）启动农村信息化科技服务下乡活动。2018年农村信息化科技服务下乡活动在海东市平安区启动，为贯彻落实十九大报告中提出的“培养造就一支懂农业、爱农村、爱农民的‘三农’工作队伍”要求，用科技力量撬动农业提质增效，推动农民持续增收，推动实施乡村振兴战略的具体实践，具有重要的示范引领意义。

（3）举办蔬菜栽培技术培训班。邀请了青海大学教授、省内知名蔬菜专家及富有实践经验的蔬菜种植基地管理人员从多种蔬菜栽培新技术、菜田病虫害综合防治、蔬菜高效栽培技术及蔬菜生产基地经营管理理念等方面对来自青海省内蔬菜（农业）技术推广中心（站）负责人、技术骨干及蔬菜种植大户等开展技术培训。

4. 以科技精准扶贫为抓手落实科技惠民工程

一是实施中藏药种植项目。采取土地“反租倒包”的形式，与海东市互助县南门峡镇却藏寺村村民签订土地流转合同，租用村民土地，组织专业技术人员指导村民和贫困户开展黄芩、板蓝根、黄芪、党参等药材标准化种植管护，药材种植面积达 230 亩，通过劳务输出、土地租赁等支付村民 43. 73 万元，每户年纯收入提高至 2000 元以上。二是支持村集体经济发展。在却藏寺村投资近 250 万元开展高原鱼菜共生技术研究与示范，建设生产大棚和种植养殖合作社用工近 1000 人次，支付村民人工工资近 15 万元。同时，在村集体土地开展特色蔬菜和蕨麻种植示范，吸收村内剩余劳力从事田间工作，发放劳务费 3. 5 万元。在海西州乌兰县茶卡镇巴音村投入 75 万元互助资金，开展村民技能培训，鼓励引导村民发展以家庭宾馆、农家乐、客运出租等为主的第三产业。目前，巴音村 25 户农牧民开办了家庭宾馆，家庭宾馆直接从业人数达 46 人，户均收入 4 万元以上，较上年增长 50% 。三是推广先进实用技术。实现却藏寺村农村科技信息服务全覆盖，通过科技信息推送和科技特派员主动服务相结合的方式，推广发展特色蔬菜、蕨麻、八眉猪等特色农牧产品。邀请西宁市推广站专家在却藏寺村举办农业科技培训班 4 期，培训人数 220 人次。组织中科院西北高原生物研究在巴音村开展技术培训 2 次，培训农民、培养种养殖能手和管理经营型实用人才。四是积极开展多形式的扶贫活动。依托巴音村毗邻茶卡盐湖景区的区位优势，加快推进“企业 + 合作社 + 农户”发展模式，围绕茶卡盐湖旅游和茶卡羊两大品牌实施种养殖、农产品加工销售、乡村旅游“四位一体”产业化项目；探索运用网络信息化手段，积极引进电商服务机构，推动巴音村家庭宾馆、旅游餐饮等扶贫产业升级改造；在政策制定、项目申报和资金安排等方面向扶贫县、村倾斜，推动乌兰县科技产业园区建设和智慧旅游产业发展，支撑引领乌兰县开展县域创新工作；组织机关干部深入定点扶贫村互助县南门峡镇却藏寺村开展扶贫调研、“结对帮扶”活动，以省科技农村扶贫信息化服务平台为手段，通过发展旅游产业、矿泉水资源开发、中药材种植、引进鱼菜共生新型农业生产方式等，形成特色产业链，增加农民收入。五是建立六盘山片区政协精准扶贫交流推进会合作机制。四省区政协建立六盘山片区政协精准扶贫交流推进会合作机制，为地方政协更好履行职能、发挥作用搭建了合作协商平台。

5. 以新型研发机构为载体推进科技创新能力提升工程

成立了中国科学院三江源国家公园研究院。三江源国家公园研究院是由中国科学院、青海省政府依托西北高原生物研究所共同打造的国家级创新平台。研究院的挂牌标志着三江源科研工作迈上了一个新台阶。青海省科技部门为保证三江源国家公园体制机制试点工作，先后通过省重大科技专项、三江源国家公园专项建设、中科院 STS 项目支持 3000 余万元，已在三江源国家公园开展了野生动物本地调查、草地退化现状和野外动物栖息地环境调研，为三江源国家公园生物多样性、生态环境状况、生态系统结构及功能、生态系统综合监测需求和监测体系建设提供了基础数据。

（三）重大科技行动推进

1. 大力推动科技成果转移转化行动

（1）参加第二十一届中国北京国际科技产业博览会。省内新材料、新能源、盐湖化工、特色农业等领域 20 多项优秀科技项目、专利技术参展。

（2）圆满完成第十九届青洽会工作任务。本届青洽会以“开放合作、绿色发展”为主题，从“绿色崛起”新道路、“创新驱动”新引擎、“开放经济”新合作、“引资引智”新渠道、“互利共赢”新格局五个方面对青海最新发展成果进行了宣传展示。

（3）加快创新工程师队伍建设。一是举办青海省创新工程师（第八期）培训班。二是新认证 107 名创新工程师。其中二级创新工程师 23 名，一级创新工程师 84 名。截至目前，青海省共培养了创新工程师 280 名，其中三

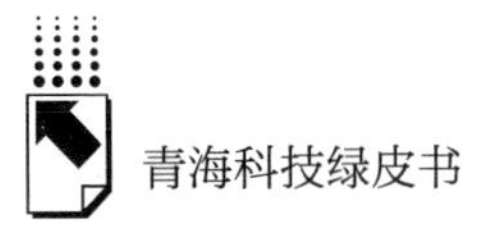

级创新工程师23名、二级创新工程师144名、一级创新工程师113名。

（4）举办多种形式的培训班强化知识产权工作。包括专利创造运用培训班、知识产权保护维权培训班、海东市知识产权专题培训班、海西州专利挖掘与专利信息利用培训班、专利申请实务与科技成果管理培训班、专利申请费用减缓与优先审查培训班、园区企业知识产权与科技成果管理培训班和技术经纪人暨科技成果转移转化培训班。

（5）与广东省开启知识产权合作新征程。赴广东省考察调研知识产权工作期间签订了《粤青知识产权工作合作框架协议书》，开启了两地在知识产权领域的新一轮合作。

2. 加快推进创新人才队伍建设行动

（1）举办海东市“三区”人才培训班。立足海东国家农业科技园区及产业集群建设，重点围绕特色果蔬、油菜、马铃薯等农作物制繁种，仔猪繁育、生猪、肉牛羊（奶牛）标准化养殖、农畜产品加工等方面，采用集中教学、外出考察和网络自学等形式进行了培训。对进一步提升海东区域内“三区”人才队伍建设及科技服务水平，推动做好青海省“三区”人才工作具有示范意义。

（2）举办农村基层优秀科技特派员双创训练营。训练营以创新创业为主题，旨在激发基层科技特派员创新创业的热情，培育市场意识，增强使命感，努力做好新时代乡村振兴的基层担当，更好地带领农民脱贫致富。除专题报告外，训练营还针对时下农业领域热度较高的课题，结合北京地区的产业发展现状及学员需求，分南、北两线，安排参训学员到包括小汤山国家农业科技园、中国农业科学院、京东集团等8家优秀院校、企业进行实地考察，全面提升参训学员的自身素质和能力。

3. 切实带动全民科学素质提升行动

启动了2018年科技活动周，围绕社会关切的空气质量、食品安全、生态环保、消防安全、低碳节能、健康生活等热点问题，开展丰富多彩的科技宣传与普及活动，集中宣传展示科技发展的新成果新成就，普及科学知识和技术方法，提高公众科学素质。

五　总结与建议

（一）总结

1. 生态环保产业技术体系是2018年科技计划项目重点资助领域

2018 年青海省科技计划项目部署在兼顾全面的同时，资助重点更为突出。从拟资助经费和当年资助经费来看，生态环保产业技术体系成为 2018 年青海省新开计划项目部署重点领域。与 2017 年相比，重点资助领域明显不同，这可能与“十三五”期间科技活动整体部署有关。为更加有序、高效地完成“十三五”期间的战略目标，青海省在部署科技计划项目时应将经济社会发展需要与项目周期规律相结合，做出合理、有效的整体科技计划部署，以保障不同领域的协同发展。

2. 创新载体的活跃度与获得经费强度各有侧重

从创新载体活跃度网络来看，与 2017 年相比，2018 年创新载体活跃度较高的仍以高校和科研院所为主，但企业的活跃度逐步提升，一些青海省本土企业已担负起不同单位合作的关键节点，起到重要桥梁联结作用。

从创新载体经费流动强度网络来看，2018 年，从承担单位获得较高经费的单位主要为参与完成项目的企业，高校和科研院所分配到的经费相对较少。这可能与项目的部署属性相关，高校和科研院所主要参与完成一些基础学科的研究型工作，而企业参与的项目可能与产业化或者一些关键技术的突破相关，因此经费分配强度也有所不同。

3. 新一代信息技术与部分产业技术体系相融合

2018 年青海省科技计划项目已逐渐将移动互联网、大数据、云计算等新一代信息技术应用于现代农牧业产业技术体系、生态环保产业技术体系、高原医疗卫生与食品安全产业技术体系、新一代信息产业技术体系中，如设立了“基于 VR 技术的‘天空之境’全域旅游互联网云平台建设关键技术研究”、“面向青海综合智慧服务的物联网数据信息协同与融合关键技术研究”、“基于变频场指纹法的高危腐蚀在线监测技术研究”、“基于无人机遥感技术的黄河上游水电站滑坡监测研究”等项目。面对新一轮科技革命和产业变革浪潮，青海省努力在创新发展上超前部署，主动迎接科技革命和产业变革带来的挑战，把握产业转型发展的主动权。

新形势下为推进具有青海特色的创新体系建设，后续的项目部署中，应依托青海省特色资源，加快新一代信息技术在新能源产业技术体系、新材料产业技术体系、现代生物产业技术体系和先进制造产业技术体系中的融合应用。这不仅有助于相关产业的转型升级，而且也为科技创新提供了广阔的发展空间。

4. 项目部署基本覆盖预定的关键技术

截至 2018 年，青海省科技计划立项项目所覆盖的关键技术已达 74 项，仅有 5 项关键技术还没有进行匹配，已基本覆盖预定的关键产业技术。

从技术匹配领域分布来看，不同产业技术体系的技术匹配性差异较显著。截至 2018 年，现代生物产业技术体系、新材料产业技术体系、现代农牧业产业技术体系和高原医疗卫生与食品安全产业技术体系已全部实现关键技术的完全匹配。其中，现代生物产业技术体系连续三年均实现关键技术的完全匹配，表现最为突出。

（二）存在问题

1. 以企业为主体、市场为导向、产学研深度融合的技术创新体系有待进一步引导

2018 年在新开科技计划项目创新载体活跃度网络中，虽然企业的参与活跃度逐步提升，但活跃度最高的仍是高校与科研院所。如何进一步引导企业在科技计划项目中的参与度与活跃度，更好地发挥其创新推动作用，还需要切实可行的应对对策。

2. 科技计划项目相应匹配的关键产业技术没有进行具体的备注和统计，不利于后续系统的准确评估和科技计划项目覆盖的关键产业技术分析

截至 2018 年，“十三五”科技创新规划中，还未设立科技计划项目的 5

项关键技术分别是智能电网技术和远距离输电技术（新能源产业技术体系2项）、新能源汽车等制造技术（先进制造产业技术体系1项）、裸鲤保护技术（生态环保产业技术体系1项）、城镇公共安全风险防控与治理（新一代信息产业技术体系1项）。通过研读《2018年青海省科技计划项目指南》发现，2018年确立了对新能源汽车制造及基础设施建设方面进行支持，但在新开项目覆盖的关键技术中，2018年并未对攻克新能源汽车等制造技术部署相关项目。

（三）对策建议

综合来看，《青海省“十三五”科技创新规划》在2018年度科技计划项目部署中得到进一步落实。在新的阶段，青海省科技发展面临着新的机遇和挑战。因此，针对今后科技项目部署与管理提出以下建议。

1. 做好部署项目相应关键技术类别的统计备注工作

项目相应匹配的关键技术类别是研判科技创新规划部署完成度的一个重要方面，在后续的科技项目部署、申报和结题统计时应在相关系统中添加关键产业技术类别，做好科技项目的关键技术匹配的统计工作，全面客观的分析后续关键技术完成情况。此外，在接下来的年度科技计划项目部署过程中，应将未资助的关键技术列为重点资助对象，并做好对项目资助的均衡协调性。

2. 解决新矛盾，明确新目标

紧密结合青海实际，研究新情况，青海省委做出了“一优两高”的战略部署。在后续编写《2019年科技计划项目申报指南》和部署项目时应有侧重，向“一优两高”战略重点关注的产业倾斜，结合青海省实际发展需要推进科技创新。

3. 及时调整规划目标

2018年是青海省“十三五”科技创新规划的关键之年，应及时对中期评估中发现的问题，采用针对性强的对策措施；并且突出接下来的主要任务和关键目标，抓住重点领域和核心问题，必要时根据实际调整部分规划目标。

4. 加快推进《青海省“十四五”科技创新规划》的预研工作

青海省科技创新规划是对未来几年整体性、长期性、基本型问题的思考和考量，对于加快推进创新型省份建设发挥着重要作用。为更加科学合理的对2021～2025年青海省科技创新发展进行项目部署，2019年应着手开展《青海省“十四五”科技创新规划》的预研工作，做好“十四五”规划的编制前期研究，形成基本思路，拟定规划框架等。

5. 继续做好对部署项目的追踪检查及后评估

积极开展对已执行项目的阶段性检查及后评估工作，了解项目实施过程中出现的主要问题及难点，有效监测各领域科技进展，科学合理地指导科技计划项目部署。

G.4

青海省科技投入及活动情况分析报告*

摘　要： 2018年青海省以建设创新型省份为目标，通过财政资金引导的方式，注重R&D投入强度，积极带动青海省全社会投入，特别是作为研发主体的企业加大研发投入，激发了青海省科技活动人员活力，加大了自主创新活动力度，促进了区域创新能力的提升。

关键词： 科技投入　科技活动　企业研发　高等学校　青海省

一　2017年度青海省科技投入

（一）青海省R&D经费支出情况

1. 青海省R&D投入强度有所提高

2017年，青海省R&D经费支出为179109万元，同比提高27.96%，2013～2017年年均增速6.80%。青海省R&D经费支出占GDP的比重（R&D投入强度）为0.68%，同比提高0.14个百分点。

2017年青海省R&D经费总支出中，基础研究经费为24155万元，占总量的13.49%，同比下降8.12%；应用研究经费为27804万元，占总量的15.52%，同比增长52.07%；试验发展经费为127149万元，占总量的70.99%，同比增长33.28%。

* 课题组成员：毛学荣、张艳、张巍山、许兆、马冠奎、刘鲤君、薛仲萍、赵润身。

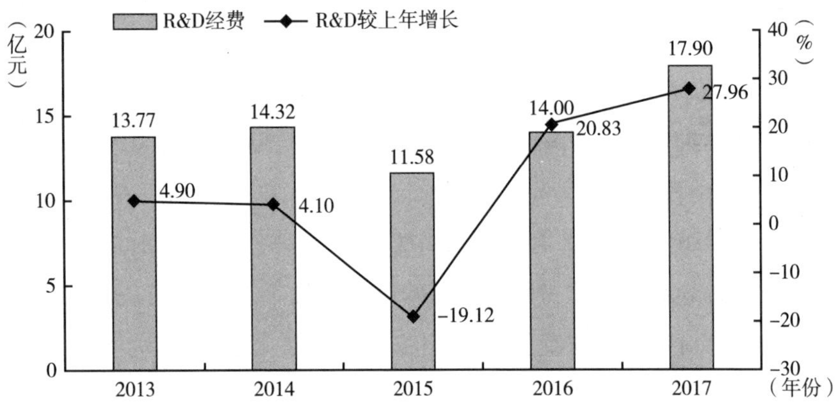

图1 2013～2017年青海省R&D经费投入及增长情况

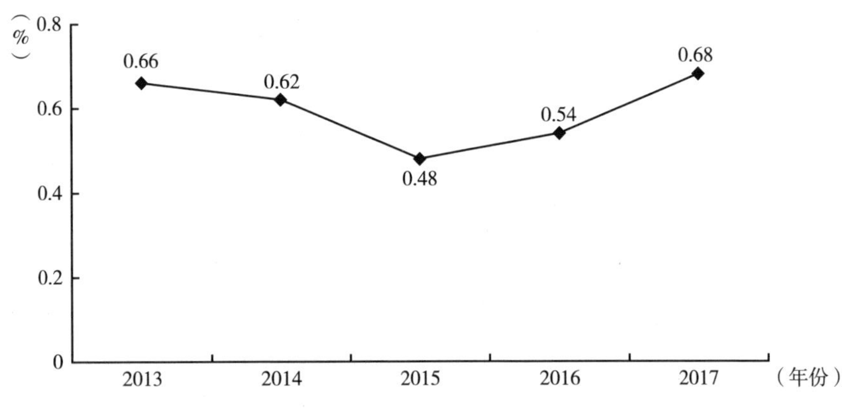

图2 2013～2017年青海省R&D经费投入强度

2. 政府投入对R&D活动的引导作用进一步加大

2012～2017年，政府投入R&D活动的经费一直保持增长态势，在R&D创新活动中的引导作用进一步加大。2017年，政府投入R&D资金为61876万元，同比增长18.83%，占R&D经费的比重为34.55%，同比下降2.7个百分点。相比2013年的39089万元，年均增长率为12.17%。

2017年政府R&D经费投向科研机构26370万元，同比增长3.8%；投向企业7113万元，同比增长0.99%，投向规模以上工业企业的R&D经费为7042万元，同比增长0.37%；投向高等学校的R&D经费为22889万元，

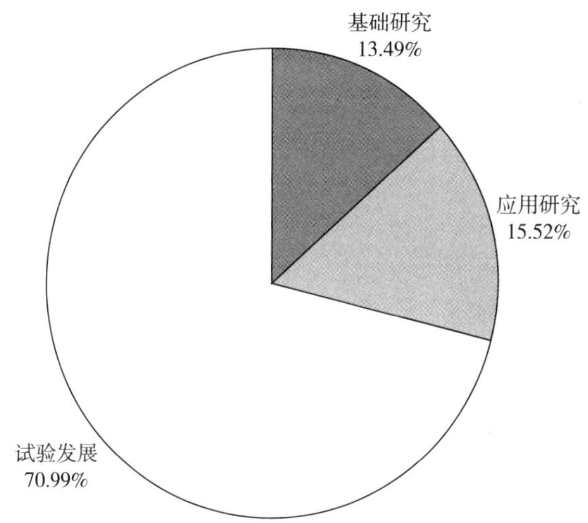

图3　2017年R&D经费支出按活动类型分布

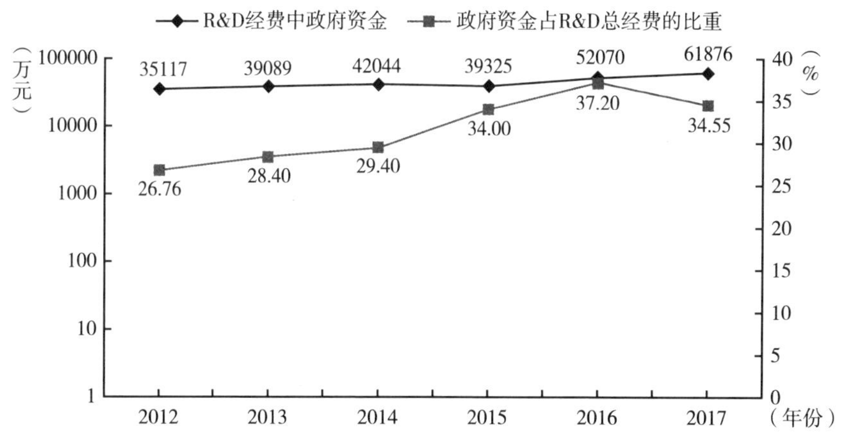

图4　2012～2017年青海省R&D经费中来源于政府资金及占比情况

同比增长18.45%，连续两年较大幅度增长，说明高等学校近年来承担政府投入研发项目在不断增加；投向事业单位的R&D经费为5504万元，同比减少12.95%。

青海省R&D经费除来源于政府的资金外，来源于企业的资金为114981万元，同比提高33.82%，占R&D经费的比重为64.2%；来源于

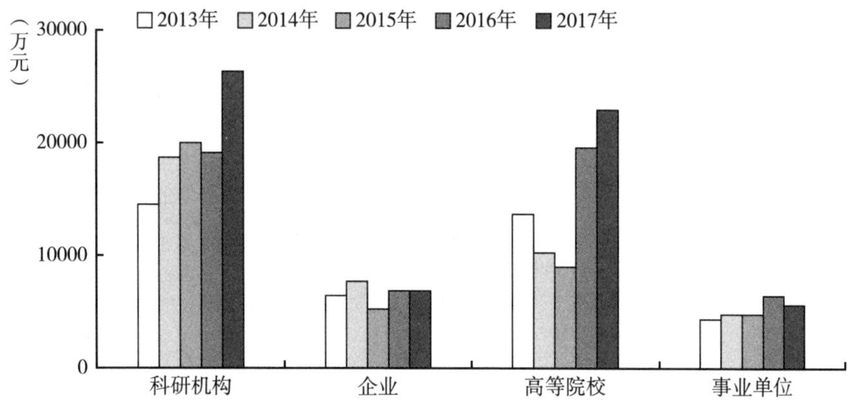

图5　2013～2017年青海省R&D经费支出中政府资金投向部门分布

其他单位资金2252万元，占R&D经费的比重为1.26%；来源于境外的资金为0。

表1　2017年度青海省R&D经费按执行部门、资金来源分情况表

单位：万元

按资金来源分按执行部门	政府资金	企业资金	境外资金	其他资金	合计
合　　计	61876	114981	0	2252	179109
科研机构	26370	1821	0	1057	29248
企　　业	7113	109927	0	375	117415
高等院校	22889	1303	0	506	24698
事业单位	5504	1930	0	314	7748

3. R&D投入分部门执行情况

R&D活动执行部门由科研机构、企业、高等院校和事业单位四类组成。2017年企业、高等学校R&D经费较上年都有不同程度的增加，事业单位R&D经费较上年略微下降。但整体而言，企业仍是R&D投入的主要力量，占比在65%以上。

（1）企业加大自主创新活动力度。企业作为科技成果转化的载体，是科技创新投入的主体。R&D活动作为技术创新的核心部分，决定着企业的

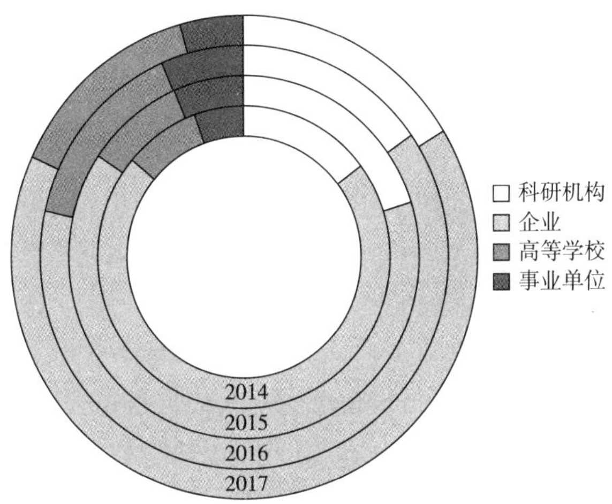

图6　2014～2017年各执行部门R&D经费情况

创新能力。2017年青海省企业投入创新活动的R&D经费为117414万元，同比提高32.5%，占青海省R&D经费的比重为65.6%。其中规模以上工业企业R&D经费为83276万元，同比提高6.9%。重点建筑业和服务业企业R&D经费为34035万元，同比提高128.4%，占青海省企业的R&D经费的19.0%。

随着企业研发经费投入的显著提升，企业技术创新能力和实力不断提高。2017年，规模以上工业企业R&D经费占主营业务收入的比重为0.4%，同比提高0.03个百分点。新产品产值为1416599万元，同比提高310%。企业创新的主体地位得到进一步加强。

（2）高等院校的应用研究能力大幅提高。高等院校R&D经费为24698万元，同比提高18.1%，占总额的13.8%。其中，基础研究经费为12957万元，同比下降13.6%，占青海省基础研究经费的53.6%。应用研究经费为11563万元，同比提高122%，占青海省应用研究经费的41.6%。随着应用研究能力的大幅提升，青海省加大了对创造性研究的投入力度，在此基础上，进一步促进高等院校与企业的合作，发挥各自优势，从而带动企业的创新能力不断提升。

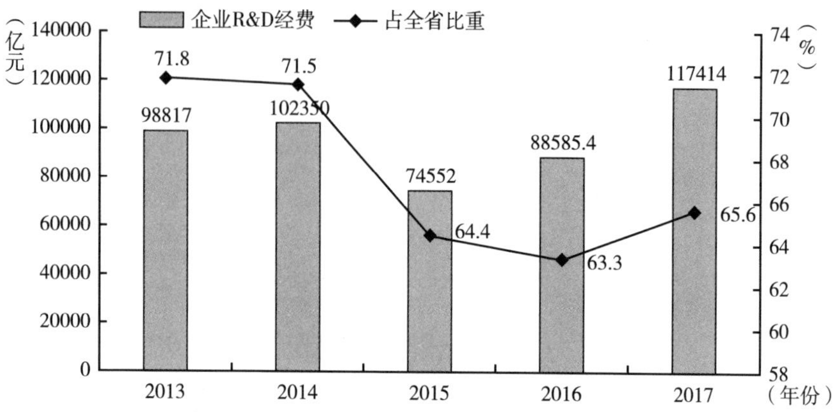

图7　2013～2017 年企业 R&D 经费及占青海省 R&D 经费比重

（3）事业单位 R&D 经费有所下降。2017 年科研机构 R&D 经费为 29248 万元，占总额的 16.3%；事业单位 R&D 经费为 7748 万元，占总额的 4.3%。事业单位资金分为科学研究、技术服务业事业单位及其他事业单位两部分。其中科学研究、技术服务业事业单位 R&D 经费为 3621 万元，同比下降 26.9%。而其他事业单位 R&D 资金与上年持平，仍为 4127 万元。

4. 产学研结合的提升，促进企业产出效益显著提高

产学研结合的提升，很好地促进了企业创新能力的提升。2017 年反映科研机构、高等院校和企业间相互合作程度的指标 R&D 经费外部支出为 12966 万元，同比提高 59.4%。规模以上工业企业 R&D 经费外部支出为 11905 万元，同比增长 64.6%。企业除加大与科研机构、高等院校的合作外，同时也加大了与国内其他企业的合作，引进和借鉴国内先进企业的技术力量和技术水平，提升青海省企业的创新能力。

（二）2017年度青海省地方财政科技支出情况

1. 地方财政科技支出有所增长

2017 年，青海省地方财政科技支出 119353 万元，同比提高 9.49%。地方财政支出合计为 1530.44 亿元，青海省地方财政科技支出占地方财政支出

的比重为0.78%，同比增加0.07个百分点，低于全国的平均数（2.42%），在全国排名29位。

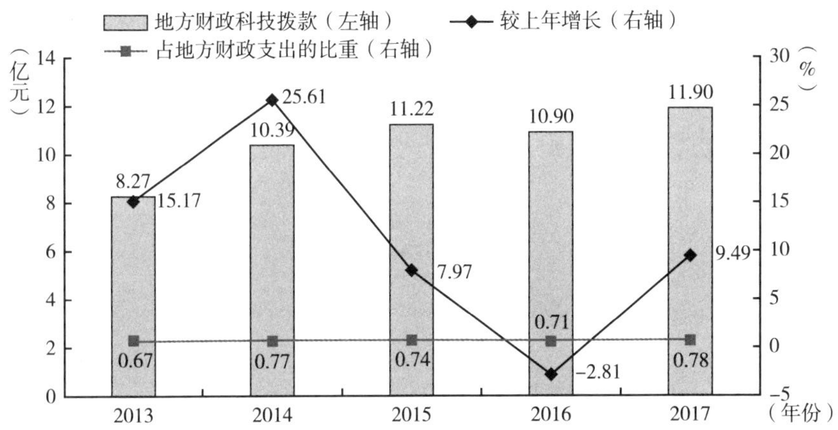

图8　2013～2017年青海省地方财政科技支出情况

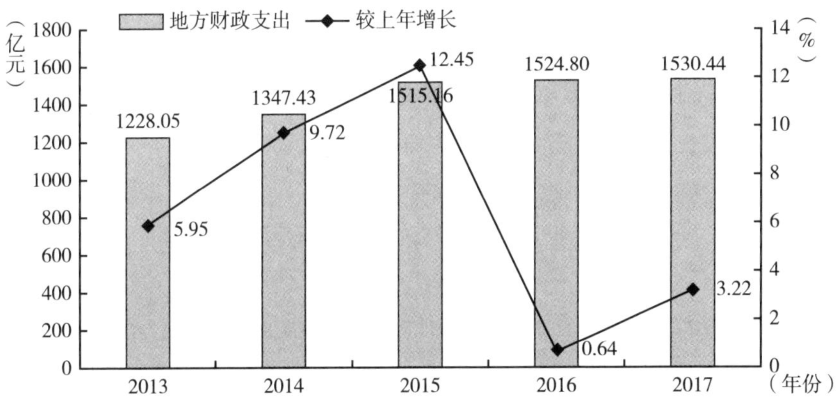

图9　2013～2017年青海省地方财政支出情况

2. 省本级地方财政科技支出占比大幅增长

2017年，省本级地方财政科技支出为72030万元，同比增长31.23%，占青海省地方财政科技支出总额的60.35%，同比增长10%；占本级地方财政支出的比重为1.47%，同比增长0.37%。8个市州地方财政科技支出总额为47323万元，占青海省地方财政科技支出总额的39.65%；占同级地方财政支出总额的0.46%，各地区地方财政科技支出金额按从高到低分别为：西宁市15715万元、海北州9835万元、海西州5525万元、海南州5411万元、海东市4347万元、果洛州4286万元、黄南州1697万元、玉树州507万元。一是本级地方财政科技支出持续加大；二是一些地区，如海东、海北和玉树，由于机构改革，将独立的科技局合并至其他部门，相应的科技管理人员也随之分流精简，地方财政科技支出有所下降。三是地方财政科技支出稳定增长，如西宁、海西。

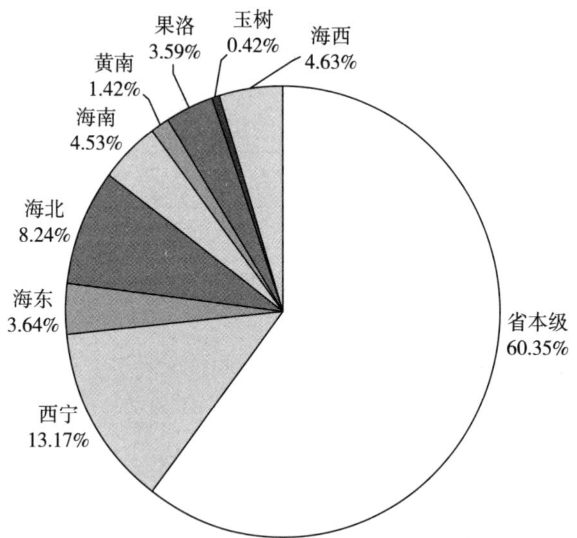

图10　青海各市州地方财政科技支出占总支出的比重

表2　2013~2017年省本级及8个市、州地方财政科技支出占本级地方财政支出比重

单位：%

地区	2013年	2014年	2015年	2016年	2017年	年均增长
省本级	0.72	1.10	1.02	1.10	1.47	19.54
西宁	0.80	0.75	0.71	0.52	0.55	-8.94
海东市	0.41	0.26	0.33	0.24	0.22	-14.41
海北州	1.11	1.26	1.53	1.53	1.14	0.67
海南州	0.39	0.39	0.37	0.40	0.56	9.47
黄南州	0.87	1.10	0.59	0.20	0.23	-28.29
果洛州	0.90	0.92	0.86	1.18	0.60	-9.64
玉树州	0.12	0.11	0.10	0.54	0.05	-19.66
海西州	0.68	0.55	0.64	0.30	0.44	-10.31

3. 县（市、区）级地方财政科技支出有所下降

2017 年，青海省 46 个县（市、区）地方财政科技支出共计 33044 万元，同比减少 24.11%，占同级地方财政支出的 0.39%，较去年占比下降 0.17 个百分点。46 个县（市、区）中，地方财政科技支出超过 1000 万元的有 12 个地区，合计地方财政科技支出为 20084 万元，占 46 个县（市、区）科技支出总额的 60.78%，同比下降 8.44 个百分点；地方财政科技支出在 500 万～1000 万元之间的有 13 个地区，13 个地区地方财政科技支出合计为 9590 万元，占全部 46 个县（市、区）地方财政科技支出总额的 29.02%，同比增加 7.35 个百分点；地方财政科技支出在 500 万元以下的有 21 个地区，累计地方财政科技支出为 3370 万元，占全部 46 个县（市、区）地方财政科技支出总额的 10.20%，同比增加 1.09%。地方财政科技支出在 1000 万元以上的 12 个地区主要集中在西宁市和海北州，西宁市占 5 席，海北州占 4 席。其中有 4 个地区地方财政科技支出占本级地方财政支出的比重都超过了 1%。而地方财政支出在 500 万元以下的有 21 个地区，玉树州占 6 席，海东市、海西州各占 5 席。21 个地区中有 17 个地区占比都在 0.2% 以下，其中杂多县科技支出连续几年都为 0。

表 3　2017 年青海省县（市、区）地方财政科技支出按规模分布

	省(区、市)个数	分档累计金额(万元)	占全部比重(%)
>1000 万元	12	20084	60.78
500 万元～1000 万元	13	9590	29.02
<500 万元	21	3370	10.20

二　2017 年度青海省 R&D 人员情况

（一）R&D 人员有所增加

2017 年，青海省 R&D 人员 9675 人，同比提高 31.13%。其中，博士硕

士学历合计 2073 人，博士学历和硕士学历分别占全部 R&D 人员的 6.23% 和 15.19%，同比下降 0.76% 和 2.84%。按国际可比的全时当量计 R&D 折合全时人员为 5656 人年，同比增加 1490 人年，提高 35.77%。R&D 人员中研究人员所占比重，主要反映 R&D 人员队伍的质量。2017 年 R&D 研究人员为 2819 人年，占 R&D 折合全时人员总量的比重为 49.84%，同比下降 5.92%，发达国家及发达省份这一指标普遍高于 60%。这表明青海省研发队伍的质量还有待进一步的提高。

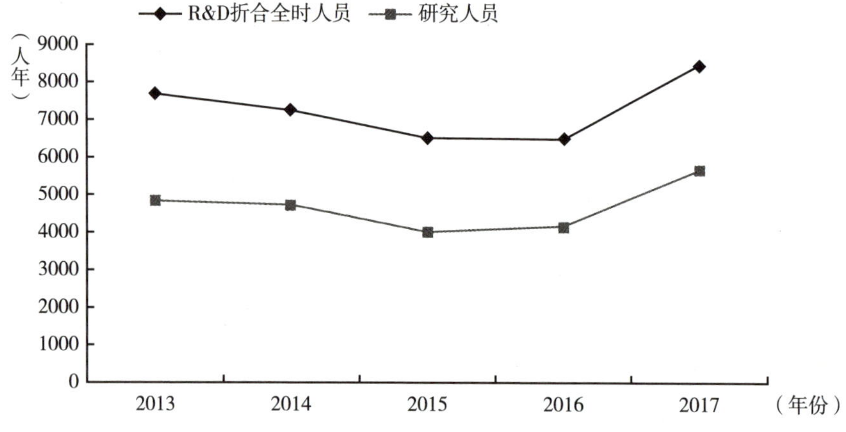

图 11　2013～2017 年青海省 R&D 折合全时人员情况

（二）基础研究活动人力投入在不断加强

2017 年，青海省 R&D 折合全时人员队伍中，基础研究人员 758 人年，占总量的 13.40%，2013～2017 年均增长为 100%；应用研究人员 960 人年，占总量的 16.97%，2013～2017 年均增长率为负的 33.73%；试验发展活动人员为 3938 人年，占总量的 69.63%，2013～2017 年均增长 192.60%。“十二五”以来，青海省基础研究活动人员一直呈现上升趋势。

表 4　2013～2017 年青海省 R&D 人员按活动类型分占比情况

单位：%

人员身份	2013	2014	2015	2016	2017
基础研究人员	15.69	15.54	19.09	19.55	13.40
应用研究人员	22.01	21.05	24.20	21.54	16.97
试验发展人员	62.30	63.41	56.71	58.91	69.63

（三）企业研发人员增幅较大

研发人员按执行部门分为企业、研究机构、高等学校和其他事业单位。2017 年，青海省企业 R&D 人员 5924 人，同比增长 56.02%，占总量的 61.23%；科研机构 R&D 人员 1137 人，同比增长 25.50%，占总量的 11.75%；高等院校 R&D 人员 1578 人，同比增长 7.35%，占总量的 16.31%；其他事业单位 R&D 人员 1036 人，同比下降 14.02%，占总量的 10.71%。可以看出科研机构、高等学校 R&D 人员数量均有所增加，而其他事业单位 R&D 人员数量有所减少，企业 R&D 人员无论是数量还是比重均大幅增加。

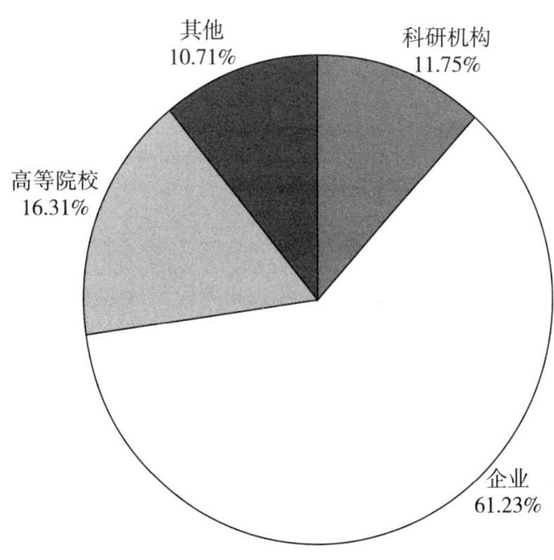

图 12　2017 年青海省 R&D 人员按执行部门分布

三 2017年青海省科技创新水平分析

《中国区域科技创新评价报告（2018）》显示，2017 年青海省综合科技创新水平指数为 43.95%，同比提高 1.71 个百分点，排在全国第 26 位，较上年提升 1 位，增幅排在第 7 位。在西部 12 个地区排第 8 位，西北五省区中排第 3 位。

表 5 2013～2017 年青海省综合科技创新水平情况

单位：%

发布年份	综合科技创新水平	比上年增加（百分点）	全国平均提高（百分点）	全国排位	属几类地区	西部 12 地区排位	全国平均值
2013	39.32	-1.36	0.02	22	四类地区	7	60.30
2014	41.87	2.55	3.25	24	三类地区	7	63.55
2015	41.14	-0.73	2.94	27	三类地区	8	66.49
2016	42.25	1.11	1.08	27	三类地区	8	67.57
2017	43.95	1.70	2.06	26	三类地区	8	69.63

2017 年青海省仍保持在三类地区，位于青海省之后的省份有海南、云南、贵州、新疆、西藏。近几年青海省在 12 个西部地区和西北五省区的排名基本稳定。

表 6 2013～2017 年西北五省区综合科技创新水平指标位次比较

单位：位

发布年份	青海	甘肃	宁夏	陕西	新疆
2013	22	20	21	8	28
2014	24	19	22	7	29
2015	27	18	21	9	29
2016	27	18	22	9	30
2017	26	18	24	9	30

综合科技创新水平由五个一级指标组成。在一级指标中，科技创新环境指数为 46.37%，全国排在 23 位，同比上升 2 位；科技活动投入指数为

27.74%，全国排在30位，与上年相同；科技活动产出指数为43.41%，全国排在19位，同比下降2位；高新技术产业化指数为42.68%，全国排名为29位，同比提高1位；科技促进经济社会发展指数为59.91%，全国排在第23位，同比上升1位。

（一）科技创新环境指数排名有所提升

2017年青海科技创新环境指数为46.37，同比下降2.77%，但位次同比上升2位，全国排23位。全国科技创新环境指数为65.84%，同比提高2.31个百分点，青海省科技创新环境指数低于全国平均水平。

表7　2013～2017年青海省科技创新环境情况

科技创新环境	2013	2014	2015	2016	2017
评价值	50.56	50.36	48.93	47.69	46.37
位次(位)	15	16	19	25	23

从西部12个地区排名来看，青海省排第7位，同比上升1位。排在青海省之前的有陕西、重庆、四川、内蒙古、宁夏和甘肃。从西北五省区的科技创新环境水平排名情况看，青海省位次上升一位，主要原因是科研物质条件和科技意识较上年有所提升，尤其是每名R&D人员研发仪器和设备支出及科学研究和技术服务业平均工资比较系数较上年均提升5位，说明2017年R&D经费投入中科研仪器设备费用有所增加，科学研究和技术服务业平均工资有所增加。

表8　2013～2017年西北五省区科技创新环境位次比较

单位：位

发布年份	青海	甘肃	宁夏	陕西	新疆
2013	15	20	22	10	21
2014	16	23	17	8	26
2015	19	17	24	8	26
2016	25	21	22	8	24
2017	23	21	20	9	26

（二）科技活动投入水平有待进一步提高

2017 年青海省科技活动投入指数在全国排位为 30 位，位次没有变化，指数值为 27.74%，同比提高 1.19 个百分点，低于全国平均水平（全国科技活动投入指数为 66.83%），增速平于全国平均增速（全国科技活动投入指数提高了 1.19 个百分点）。

表 9　2013～2017 年青海省科技活动投入情况

科技活动投入	2013	2014	2015	2016	2017
评价值(%)	31.83	30.76	28.55	26.55	27.74
位次(位)	27	28	29	30	30

参照 2017 年科技活动投入指数的全国排序，西部 12 个地区中高于全国增幅的有云南、重庆、甘肃、西藏、青海，其余地区均低于全国增幅，排序为贵州、四川、陕西、内蒙古、新疆、广西、宁夏。从西北五省区的科技活动投入排名比较情况可以看出，宁夏下降了 2 位，新疆上升了 1 位，青海、甘肃、陕西位次均无变化。

表 10　2013～2017 年西北五省区科技活动投入位次比较

单位：位

发布年份	青海	甘肃	宁夏	陕西	新疆
2013	27	20	23	11	28
2014	28	21	23	11	27
2015	29	20	21	11	27
2016	30	23	16	11	29
2017	30	23	18	11	28

（三）科技活动产出位次有所下降

2017 年，青海省科技活动产出指数为 43.41%，同比提高 2.02 个百分点，增幅低于全国水平（全国增幅为 3.34 个百分点），位次从第 17 位下降为19位。参照2017年科技活动产出指数及排序，西部12个地区中除内蒙古、四川、贵州、云南、重庆外，其他地区均低于全国平均增幅，排在青海省之前的有内蒙古、四川、贵州、云南、重庆、宁夏。西北五省区中除陕西外，位次均有所下降。青海省下降的主要原因是万元生产总值技术收入较上年有所下降。

表11　2013～2017年青海省科技活动产出情况

科技活动产出	2013年	2014年	2015年	2016年	2017年
评价值(%)	26.08	29.27	34.04	41.39	43.41
位次(位)	18	21	20	17	19

表12　2013～2017年西北五省区科技活动产出位次比较

单位：位

发布年份	青海	甘肃	宁夏	陕西	新疆
2013	18	13	22	6	28
2014	21	14	24	5	28
2015	20	14	25	6	22
2016	17	14	27	4	23
2017	19	17	30	4	25

（四）高新技术产业化水平有所提升

青海省2017年高新技术产业化指数为42.68%，同比提高8.02个百分点，排在全国第29位，同比提高1位。将2017年与2016年全国指数比较，全国高新技术产业化指数64.09%，提高5.74个百分点，青海省增幅高于全国平均水平。西部12个地区中高于全国平均增幅的有宁夏、青海、云南、陕西。参照2017年高新技术产业化指数的排序，西部12地区中西南地区的排位均比较靠前，其中，重庆、四川、广西、陕西高于全国高新技术产业化指数（64.09%），分别位于全国第1、第6、第9和第13位。位次最高的地区是重庆，由上年的第4位升至第1位。西北五省区中甘肃排位变化不大，陕西位次提升 4 位。新疆、宁夏和青海近几年来一直排在全国靠后位置。

表 13　2013～2017 年青海省高新技术产业化指数及位次

高新技术产业化	2012	2013	2014	2015	2016	2017
评价值(%)	32. 02	26. 64	31. 29	29. 72	34. 66	42. 68
位　次(位)	28	30	30	31	30	29

表 14　2013～2017 年西北五省区高新技术产业化位次比较

单位：位

发布年份	青海	甘肃	宁夏	陕西	新疆
2013	30	26	29	17	31
2014	30	25	31	17	29
2015	31	22	29	16	30
2016	30	18	31	17	29
2017	29	18	30	13	31

（五）科技促进经济社会发展能力略有提升

2017 年青海省科技促进经济社会发展指数为 59. 91%，与上年相同，在全国排列为 23 位，同比上升 1 位。与上年比较，全国科技促进经济社会发展指数降低了 0. 43 个百分点，指数为 72. 77%。

表 15　2013～2017 年青海省科技促进经济社会发展情况

科技促进经济社会发展	2013	2014	2015	2016	2017
评价值(%)	58. 28	64. 32	61. 61	59. 91	59. 91
位次(位)	20	14	23	24	23

在西部 12 省区中，位次上升最快的地区是陕西，比上年上升 4 位，主要是环境改善指数提升较快。西北五省区中，青海和陕西位次较上年均有所提升，而其他三个地区位次均有所下降，高于全国增幅的只有青海。

表16　2013～2017年西北五省区科技促进经济社会发展位次比较

单位：位

发布年份	青海	甘肃	宁夏	陕西	新疆
2013	20	26	17	15	18
2014	14	24	13	17	18
2015	23	27	14	17	24
2016	24	26	13	16	25
2017	23	27	16	12	28

四　2017年青海省规模以上工业企业研发投入情况分析

2017年，青海省规模以上工业企业共569家，R&D经费投入8.83亿元，同比增长13.36%。整体来看，青海规模以上工业企业研发活动投入增速缓慢，创新驱动能力比较薄弱。

（一）青海省规模以上工业企业研发活动特征

1. 研发人员整体素质有所提升

2017年科技年报数据显示，规模以上工业企业拥有R&D人员3837人，同比增长21.91%。R&D人员折合全时当量1799人年，同比增长2.8%，其中基础研究和应用研究人员全时当量65人年，占R&D人员折合全时当量总数的3.6%，同比下降23.53%；试验发展人员全时当量1730人年，占R&D人员折合全时当量总数的96.2%，同比增长3.9%。研发队伍的壮大为企业自主创新提供了有力保障。

2017年，青海省规模以上工业企业办研究机构50个，同比增长8.7%，机构人员2995人，同比增长31.9%，其中，博士62人，同比减少2人，硕士331人，同比减少1人，博士和硕士占研发机构人员的17.1%，比上年提高了0.3个百分点。高层次研发人才队伍基本保持稳定，研发队伍整体素质有所提升，为青海省企业自主创新能力的不断增强奠定了坚实的人才基础。

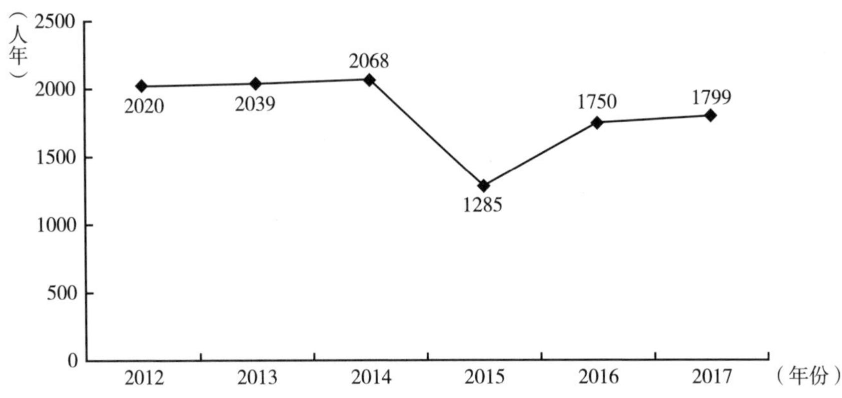

图 13　2013～2017 年青海省规模以上工业企业 R&D 全时人员情况

2\. 研发经费投入有所增长，企业资金占据主导地位

2017 年，青海省规模以上工业企业投入研发（R&D）经费 8.33 亿元，同比增长 6.9%。占当年青海省 R&D 经费投入的比重为 46.49%，同比下降 9.19 个百分点。其中，基础研究 582 万元，占规模以上工业企业研发经费总投入的 0.7%；应用研究 2339.9 万元，占 2.9%；试验发展 8.03 亿元，占 96.5%。

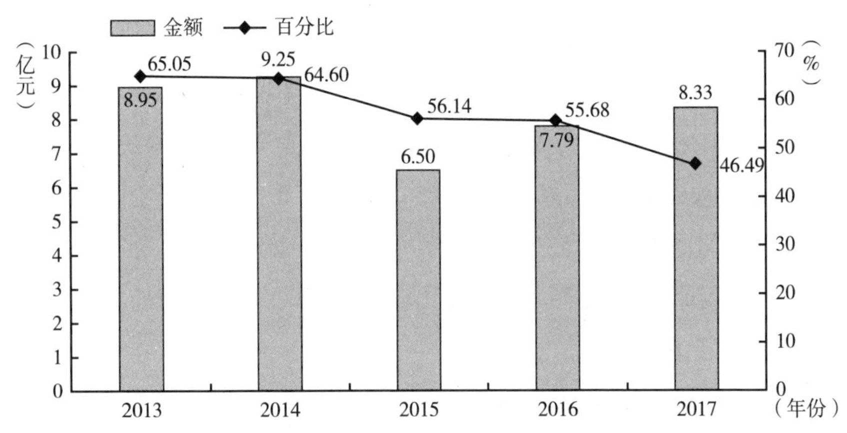

图 14　2013～2017 年规模以上工业企业 R&D 经费投入情况

（1）政府对企业自主创新的引导作用进一步加大。从资金来源看，2017 年青海省规模以上工业企业研究经费中来自政府的资金为 7042.3 万

元，同比增长 0.37%，占规模以上工业企业研发经费的 8.5%；企业资金 75863.2 万元，同比增长 6.96%，占规模以上工业企业研发经费的 91.07%，研发经费中政府资金投入力度的不断加大，对青海省企业自主创新起到重要导向作用。

（2）规模以上工业企业研发活动以试验发展为主。2013～2017 年，规模以上工业企业研发活动中，试验发展占比一直保持在 95% 左右。

3. 大中型企业研发实力相对优势明显

2017 年，青海省大型企业 22 家，其中，有 R&D 活动的企业为 11 家，占大型企业的 50%，有研发机构的企业 8 家，占大型企业的比重为 36.36%；中型企业 87 家，其中，有 R&D 活动的企业 15 家，占中型企业的 17.24%，有研发机构的企业 12 个，占中型企业的 13.79%；小微型企业 380 家，其中，有 R&D 活动的企业为 31 家，占小微型企业的 8.16%，有研发机构的企业 13 个，占小微型企业的 3.42%，低于青海省平均水平。说明青海省规模以上工业企业有研发活动的企业主要集中在大中型企业中。大中型企业研发基础条件明显优于小微型企业，研发活动更加常规性和有组织性。

4. 内资企业是研发投入主体

2017 年，青海省规模以上工业企业中，内资企业 R&D 经费投入最多，达 80086 万元，同比增长 3.19%，占比为 96.17%，比上年减少 3.3 个百分点。港澳台商及外商投资企业研发经费 3188.8 万元，占 3.83%，比上年下降 1.47 个百分点。

5. 研发投入行业聚集度高

从行业分组看，研发活动集中在有色金属冶炼和压延加工业、化学原料和化学制品制造业、电气机械和器材制造业等三个行业，其研发经费投入分别位居第 1 至第 3 位，分别为 1.9 亿元、1.8 亿元和 1.1 亿，以上三类行业合计占青海省规模以上企业研发经费支出 60.1%。

6. 产学研合作的加强有力推动企业自主创新能力提高

2017 年，规模以上工业企业研发经费外部支出 11905.1 万元，同比增长64.6%. 其中，对境内研究机构支出2472万元，同比下降2.95%，对境内高等学校支出987.2万元，同比增长22.17%，对境内企业支出7852.4万元，同比增长136.75%。

7. 科技产出丰硕

2017年，青海省规模以上工业企业共申请专利729件，同比增长19.12%，其中发明专利271件，占总量的37.17%；有效发明专利399件，同比增长1.51%，其中国外授权2件，占总量的0.27%；专利所有权转让及许可数24件，获得收入100.9万元；发表科技论文721篇，拥有注册商标541个，其中境外注册2件；形成国家或行业标准43项。

8. 新产品创新绩效明显提升，但与全国比差距较大

2017年，规模以上工业企业实施新产品开发项目369项，同比增加243项；新产品开发经费支出687569.5万元，同比增加40.91%；实现新产品产值1416599.4万元，同比增加1071481万元，提高310.5%；实现新产品销售收入1027045.4万元，同比增加647641.8万元，提高170.7%；2017年新产品销售收入占主营业务收入比重为4.94%，比上年提高了3.25个百分点。虽然青海省2017年新产品创新绩效有所提升，但与全国平均水平比较仍然较低，总体来看青海省企业创新绩效还需进一步加强。

（二）青海省规模以上工业企业研发活动存在问题

1. 企业规模小，开展研发活动的企业数量占比低

2017年，青海省规模以上工业企业共569家，企业数量远不及沿海发达地区及西北其他省份。2017年开展了R&D研发活动的企业只有57家，占比为10.01%，比上年提高0.4个百分点；规模以上工业企业中有研发机构33家，占比为5.8%，比上年提高0.78个百分点。从分析看出，青海省规模以上工业企业创新活动并不活跃，绝大部分企业没有开展创新活动，设立科技机构的企业仅为10%。

2. R&D经费投入强度较低

2017年，青海省规模以上工业企业R&D投入强度0.4%，比上年提高

了0.05个百分点（图5）。青海省规模以上工业企业R&D投入强度从2012的0.44%一直下降到2017年的0.4%，年均下降1.89%。说明青海省规模以上工业企业R&D投入强度整体水平较低。在全国排名位次靠后。

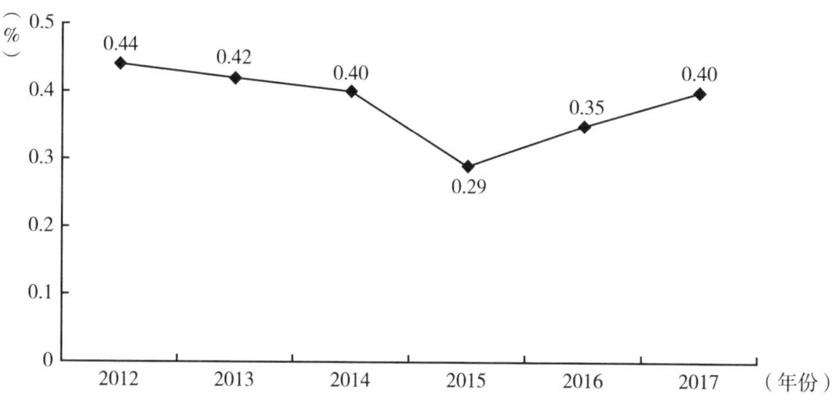

图15　2013～2017年青海省规模以上工业企业R&D投入强度

3. 研发资源分布不均衡

2017年，从青海省R&D分布情况看，青海省规模以上工业企业的R&D资源主要集中在西宁市，其R&D人员占青海省R&D人员的比重为25.96%，占规模以上工业企业R&D人员的65.47%，R&D经费占青海省R&D经费的比重为36.31%，占规模以上工业企业78.10%；其次是海西州，其R&D人员和R&D经费支出占青海省的比重分别为12.9%和9.1%，占规模以上工业企业的比重分别为32.52%和19.58%。这两个地区拥有的R&D人员经费远远高于其他地区。而海北、果洛和玉树的R&D活动为空白。

表17　2017年青海省各市州R&D人员及R&D经费分布情况

地区	R&D人员			R&D经费		
	总量（人年）	占规上工业企业R&D人员比重(%)	占青海省总量比重(%)	总量（万元）	占规上工业企业R&D经费比重(%)	占青海省总量比重(%)
西宁市	2512	65.47	25.96	65037.3	65.47	36.31
海东市	30	0.78	0.31	320.5	0.38	0.18
海北州	0	0	0	0	0	0

续表

地区	R&D 人员			R&D 经费		
	总量（人年）	占规上工业企业 R&D 人员比重(%)	占青海省总量比重(%)	总量（万元）	占规上工业企业 R&D 经费比重(%)	占青海省总量比重(%)
黄南州	27	0.70	0.28	1565.2	1.88	0.87
海南州	20	0.52	0.21	45.9	0.55	0.26
果洛州	0	0.00	0.00	0	0.00	0.00
玉树州	0	0.00	0.00	0	0.00	0.00
海西州	1248	32.52	12.9	16306.7	19.58	9.1

（三）总结

企业创新是实施创新驱动发展战略、推动万众创新的关键，青海省企业面临着“新常态、新挑战、新战略”，需要不断提升研发水平，通过增强自主创新能力来实现转型升级。

一是鼓励企业加大研发投入，提高研发投入强度。一方面必须认识到，企业已经成为研发投入的主体，企业研发经费强度与青海省 R&D/GDP 存在着高度的正相关关系，企业研发强度提高是提升青海省 R&D/GDP 的前提条件和根本保障。另一方面要积极引导企业加大研发投入，大力宣传推动研发费用加计扣除等相关优惠政策，出台有效的研发投入后补助政策，让企业真正尝到投入研发活动的甜头。

二是进一步提高产学研合作水平。产学研联合能提高企业的基础研发能力，这有助于提高企业创新活动的效率。而进行创新活动的企业，更有动力进行产学研联合，从而创新活动的能力越强，企业从产学研联合中获益也越高。

三是提升创新效率。在今后的自主创新活动中应更加合理的配置 R&D 资源、完善人才激励机制，加强省内、省际协同合作，提高自主创新效率。

五 2017年度青海省高等学校 R&D 活动分析

近年来，高等学校作为国家科技创新体系的重要组成部分，其研究与试验发展活动，尤其是其中的基础研究，积极推动了全社会科技的发展和经济的繁荣。2017 年青海省共有普通高等学校 23 个（理工农医类和人文社科类分类计算）；高等学校中有 R&D 活动机构 11 家；R&D 人员 1578 人，折合全时当量为 651.9 人年；投入 R&D 活动经费 24698.1 万元；R&D 项目（课题）数 1278 项；发表科技论文 2428 篇；出版科技著作 66 种。

（一）科技活动人力投入情况

1. R&D 人员质量稳步增加

2017 年，高等学校 R&D 活动人员 1578 人，其中博士学历 266 人，硕士学历 767 人，分别占高等学校全部 R&D 人员的 16.86% 和 48.61%，同比分别提高了 0.6 和 1.93 个百分点。按国际可比的全时当量计 R&D 折合全时人员为 651.9 人年，比上年减少 9.1 人年，同比降低 1.38%。

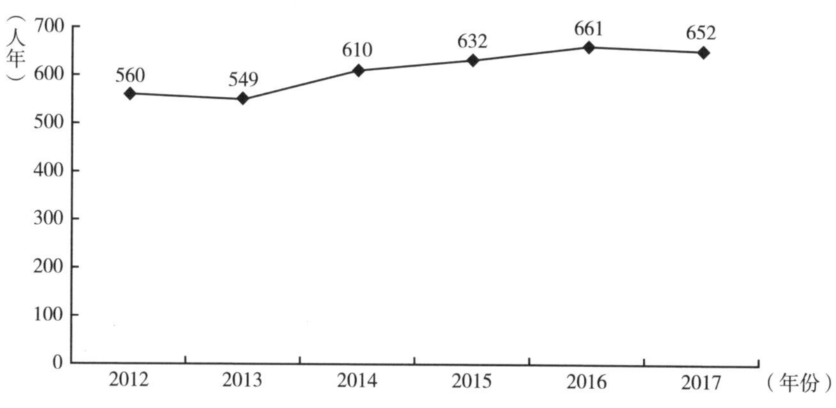

图 16　2013～2017 年高等学校 R&D 折合全时人员情况

2017 年 R&D 研究人员为 592 人年，占 R&D 折合全时人员总量的比重为 90.84%，比上年提高了 2.04 个百分点，青海省 R&D 研究人员占青海省 R&D 折合全时人员的比重为 49.84%，比例接近五成，这表明青海省高层次人才主要集中在高等学校。

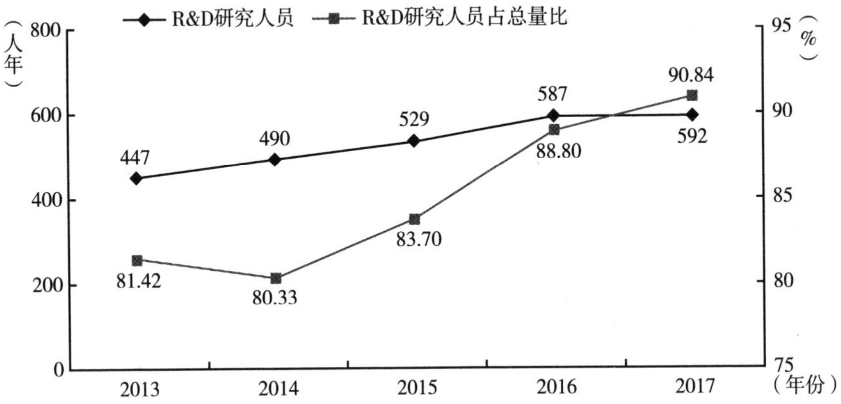

图 17　2013～2017 年青海省高等学校 R&D 折合全时人员中研究人员占比

2. 基础研究活动人力投入不断加强

2017 年，高等学校 R&D 折合全时人员队伍中，基础研究人员 358 人年，占总量的 54.92%，2012～2017 年年均增长 5.62%；应用研究人员 278 人年，占总量的 42.63%，2012～2017 年均增长率为 -5.09%；试验发展活动人员为 16 人年，占总量的 2.45%，2012～2017 年均增长 -1.78%。“十二五”以来，高等学校 R&D 折合全时人员中的基础研究人员一直呈现上升趋势。

表 18　2013～2017 年青海省高等学校 R&D 人员按活动类型分占比情况

单位：%

分类	2013 年	2014 年	2015 年	2016 年	2017 年	年均增速(%)
基础研究	53.92	52.95	62.34	63.54	54.92	5.62
应用研究	42.99	43.61	34.65	34.80	42.63	-5.09
试验发展	3.10	3.44	3.01	1.66	2.45	-1.78

（二）R&D 经费投入情况

1. R&D 经费大幅提高

2017 年高等学校 R&D 经费支出为 24698 万元，同比提高 18.12%。占青海省 R&D 经费支出的比重为 13.79%，比上年降低了 1.15 个百分点。“十二五”以来，高等学校 R&D 经费投入从 2011 年的 8082 万元，增加到 2017 年的 24698 万元，年均增长率为 20.46%。

高等学校 R&D 经费占青海省 R&D 的比重，反映了高等学校 R&D 活动在全社会 R&D 活动中的地位。青海省高等学校这一比重一直保持增长态势，从 2011 年的 6.43% 增长到 2017 年的 13.79%，2017 年占比略有下降。

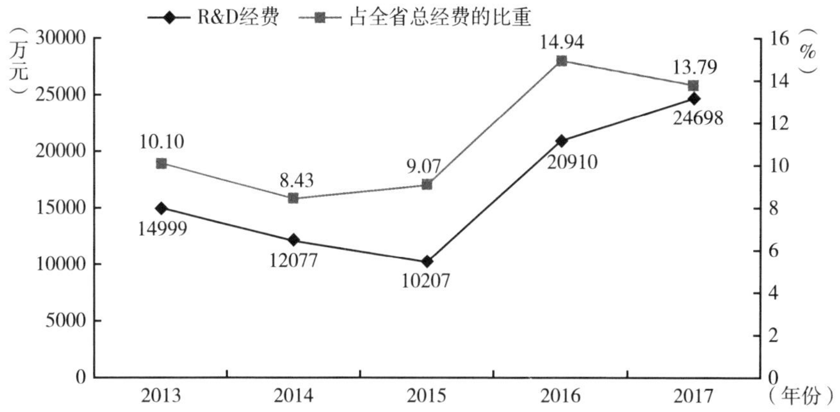

图 18　2013～2017 年高等学校 R&D 及占青海省 R&D 经费的比重

从经费来源情况看，2017 年高等学校来自政府的 R&D 资金为 22889 万元，同比增长 16.65%，占 R&D 总经费的 92.68%，较上年降低 1.16 个百分点。来自企业的资金为 1302.7 万元，同比增加 58.4%，占 R&D 经费的比重为 5.27%。这表明青海省高等学校研发活动经费主要以政府资金和企业资金为主。

2. 基础研究投入稳步提升

2017 年青海省高等学校 R&D 经费总支出中，基础研究经费支出为 12957 万元，占总量的 52.46%，比上年下降了 16.43 个百分点；应用研究经费支出为 11563 万元，占总量的 46.82%，比上年提高 122.37 个百分点；试验发展经费支出为 205177.8 万元，占总量的 0.72%，比上年下降了 13.27 个百分点。连续两年呈现下降趋势，这与高等学校的 R&D 活动特点有关，高

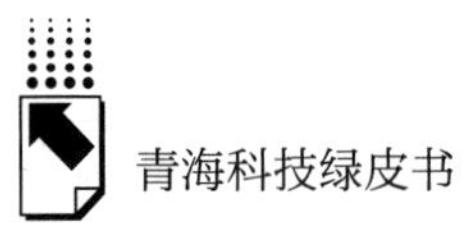

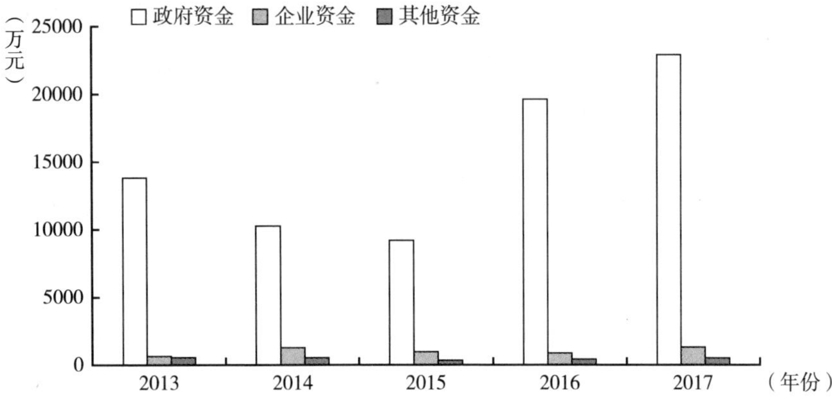

图 19　2013～2017 年青海省高等学校 R&D 经费来源分布情况

等学校的 R&D 活动多数集中在不具有特定应用目的科学研究阶段，主要是为了获取关于现象和可观察事实的基本原理而进行的系统性的研究活动。

3. 科技产出持续增加

2017 年高等学校共发表科技论文 2428 篇，比上年减少 151 篇，同比降低 5.85%，占青海省总数的 55.46%。2012～2017 年年均下降 0.34%。

2017 年青海省高等学校申请专利 120 件，比上年增长 53.85%，其中发明专利 63 件，同比增长 10.53%；授权专利 72 件，同比增长 94.59%，其中发明专利 21 件，同比增长 50%。有效发明专利 85 件，同比增长 32.81%。

表 19　2013～2017 年青海高等学校科技产出情况

科技产出	2013	2014	2015	2016	2017	年均增速(%)
专利申请量(件)	23	42	51	78	120	41.7
发明专利	17	26	28	57	63	39.3
专利授权量(件)	15	18	23	37	72	43.1
发明专利	3	2	5	14	21	18.5
有效发明专利(件)	15	33	48	64	85	32.3
论文(篇)	2298	2011	2261	2579	2428	-1.27
出版科技著作(种)	103	74	58	45	66	1.26

综上所述，2017 年青海省高等学校研发活动较上年有大幅提升，这主要是高等学校承担了大量的政府研发项目。2017 年高等学校共承担研发项目 1278 项，占青海省研发项目的 53.47%，研发项目经费为 1.26 亿元，占青海省研发项目经费的 8.34%。这表明高等学校主要承担了青海省的基础研究与应用研究项目，但经费投入比较大的试验发展项目较少。

六 2017 年度青海省区域创新能力评价

截至 2017 年，青海省人口数为 593 万人，全年地区生产总值 2572.49 亿元，按可比价格同比增长 8.2%，人均 GDP 为 43531 元，位居全国第 18 位。三次产业结构之比由 2014 年的 9.4∶53.5∶37.1 转变为 2017 年 8.60∶50.00∶41.40，第三产业增长较快。高技术产业主营业务收入 100.0 亿元，占 GDP 的比重为 4.13%。

科技部发布的《2017 中国区域创新能力评价报告》显示，青海省 2017 年创新能力综合排名第 30 位，同比上升了 1 位，创新综合能力处于全国较低水平。其中，创新实力的排名为第 31 位与上年一致，创新效率排名第 24 位，同比上升 7 位，创新潜力的排名第 10 位，同比上升 13 位。知识创造、知识获取、企业创新能力、创新环境和创新绩效 5 个指标的排名分别为第 28、第 25、第 29、第 25 和第 23 位。其中，知识创造和创新环境排名保持不变，知识获取、创新环境和创新绩效排名分别上升 4 位、1 位和 7 位，创新绩效排名上升较为明显。电话及互联网用户数、按目的地和货源地划分进出口、教育经费及企业孵化建设都处于全国落后水平。

整体而言，青海省创新驱动发展战略取得一定成效，但青海省创新能力仍处于全国落后水平，在重要指标排名中，青海省基本居于全国末尾。青海省应充分利用其地理环境优势，提高特色优势产业和领域的研发能力，同时调整产业结构，由依赖资源发展转变为依靠科技发展。

2017 年，青海省在创新环境建设及高科技产业发展方面下了很大功夫，部分指标出现了近乎 10 倍增速，创新环境有了较大改善。2016～2017 年青

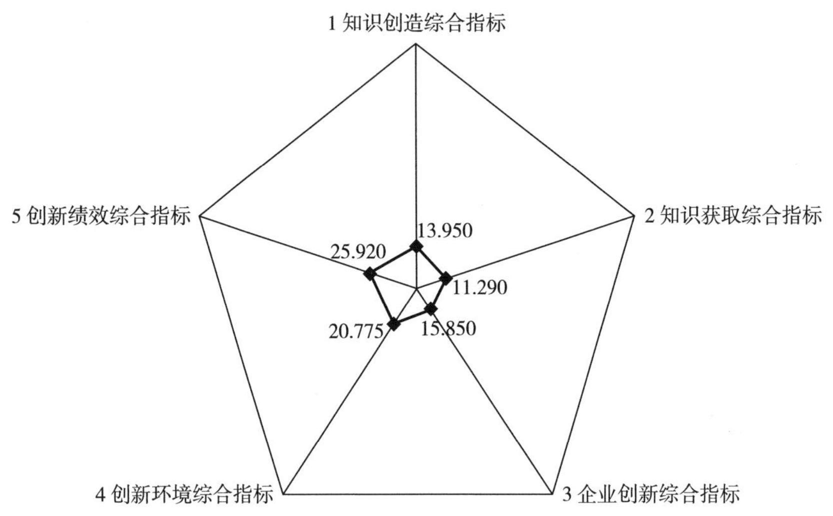

图 20　青海省创新能力蛛网图

海省只有西部矿业集团有限公司一家企业入围中国企业 500 强，大型企业明显偏少。

表 20　2016～2017 年青海省变化较大的指标

指标名称	2017 年	2016 年	增速（%）	2017 年排名	2016 年排名	排名变化
规模以上工业企业平均技术改造经费支出(万元/个)	153.68	46.53	230.28	7	28	21
平均每个科技企业孵化器孵化基金额(万元/个)	917.5	140	555.36	17	31	14
高技术产品出口额占地区出口总额的比重(%)	11.79	1.22	866.39	20	30	10
科技企业孵化器孵化基金总额(万元)	3670	430	773081	28	31	3
科技企业孵化器当年新增在孵企业数(家)	55	4	1275.00	30	30	0

近年来，青海省深入推动创新驱动发展战略，实施了以“123”“1020”为重点的重大科技支撑工程，集中力量攻克制约经济社会发展的重大关键技

术难题。其中“123”科技支撑工程重点在新能源、新材料、装备制造等十大特色优势产业方面围绕产业链打造创新链。“1020”生态农牧业科技支撑工程重点围绕青海省十大农牧特色产业发展组织实施科技计划，解决了一批农牧特色优势产业关键技术和共性技术问题。深入推进农村信息化示范省建设。但总体来讲，青海省的经济实力薄弱，创新能力有限，未来应结合区域优势，进一步增强创新能力。

G.5 2018年青海科技产出分析与展望*

摘　要： 2018 年，青海省共登记各类科技成果 518 项，同比增长 1.57%。从来源上看，自选课题成为主要来源，达到 31.47%，其中企业自选课题登记成果 69 项，占自选课题成果总数 42.33%；其他各行业主管部门立项次之，达到 26.45%；地方计划成果数达到 25.68%。从统计数据中反映出企业等科研主体的自主创新意识和能力进一步提高。第三产业成果数量较上年增加，主要原因是 2017 年 11 月新修订的《青海省科技成果登记管理办法》拓展了登记范围，建筑业登记科技成果数量增长明显，共登记成果 66 项，其中工法类成果 25 项。

关键词： 科技产出　科技成果　青海省

一　省级科技成果产出分析

（一）2018年青海省科技成果基本情况

1. 成果数量

2018 年度，全省共登记科技成果 518 项，同比增长 1.57%。从 2013～2018 年，科技成果登记数量 5 年增长明显。

---

* 课题组成员：苏海红、黄晓凤、张扬、刘世铭、王新亮。

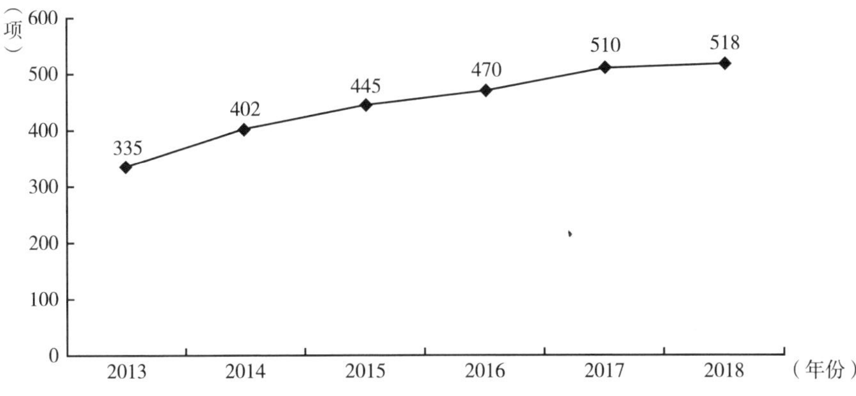

图1　2013～2018年青海省科技成果登记数量

2. 成果类别

518项科技成果中，应用技术成果393项，占75.87%；基础理论成果103项，占19.88%；软科学成果22项，占4.25%。

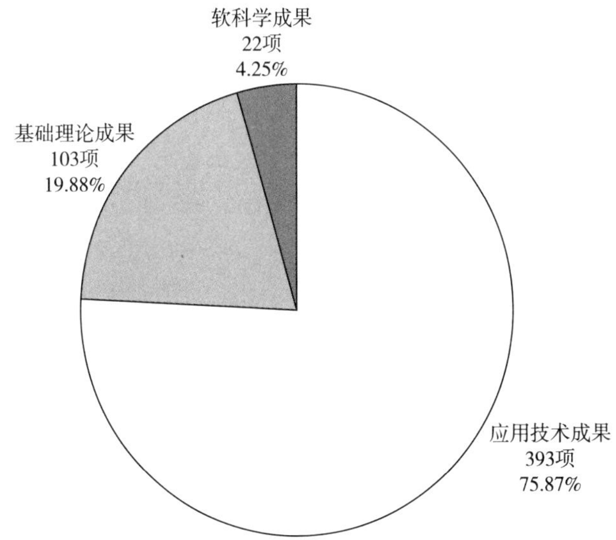

图2　2018年青海省科技成果类别构成

3. 评价方式

518项科技成果中，鉴定项目共280项（占54.05%）；验收项目90项

（占 17.37%）；评审项目 91 项（占 17.57%）；行业准入成果 57 项（占 11.00%），行业准入类成果为青海省质量技术监督局发布的地方标准项目和经青海省农作物品种审定委员会审定的品种项目。

表 1　2017 年与 2018 年科技成果评价方式统计

单位：项，%

成果评价方式	2017 年		2018 年	
	成果数(项)	占比(%)	成果数(项)	占比(%)
鉴定	272	53.33	280	54.05
验收	61	11.96	90	17.37
评审	103	20.20	91	17.57
行业准入	74	14.51	57	11.00

4. 成果来源

518 项科技成果中，国家科技计划 31 项（自然科学基金 13 项、科技支撑计划 5 项、星火计划 3 项、火炬计划 1 项、科技型中小企业技术创新基金 1 项、农业科技成果转化资金 5 项、科研院所技术开发研究专项资金 1 项、其他 2 项），占 5.98%；部门计划 40 项，占 7.72%；地方计划 133 项，占 25.68%；部门基金 2 项，占 0.39%；地方基金 2 项，占 0.39%；自选项目 163 项，占 31.47%；国际合作 6 项，占 1.16%；横向委托 4 项，占 0.77%；其他厅局计划成果 137 项，占 26.45%。

其中，青海省科技厅下达的项目登记成果 138 项，进一步按照所处领域进行划分，按照成果数量由高到低依次排序为：基础研究领域 84 项，农村科技领域 25 项，高新技术领域 12 项，国际合作领域 10 项，社会发展领域 4 项，农村牧区能源领域 3 项。

5. 完成单位

518 项科技成果中，企业位居成果完成主体的首位，达 151 项（其中科研转制型企业完成 15 项），占 29.15%；医疗机构完成 106 项，占 20.46%；独立科研机构完成 86 项，占 16.60%；大专院校完成 68 项，占 13.13%；其他单位（各类事业单位）完成 107 项，占 20.66%。

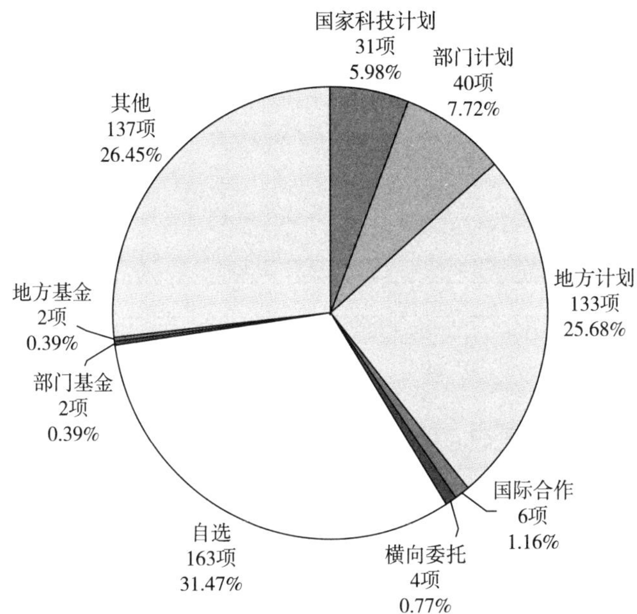

图3　2018 年青海省科技成果课题来源构成

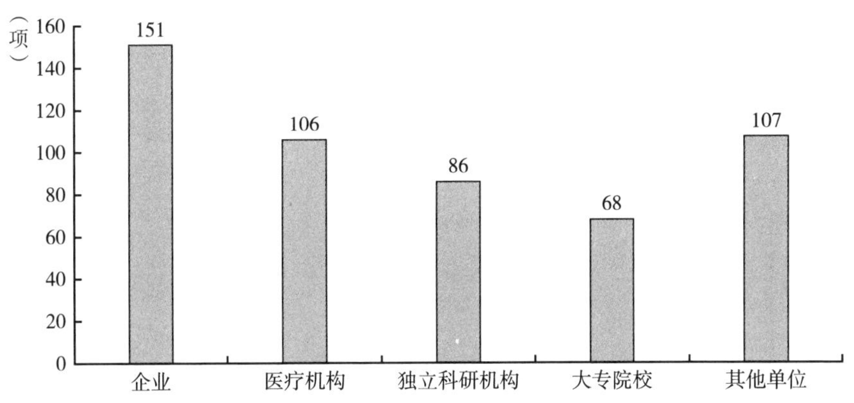

图4　2018 年青海省科技成果完成单位构成

6. 成果水平

518 项科技成果中，达到国际领先水平的成果 18 项，占 3.47%；达到国际先进水平的成果 41 项，占 7.92%；达到国内领先水平的成果 177 项，

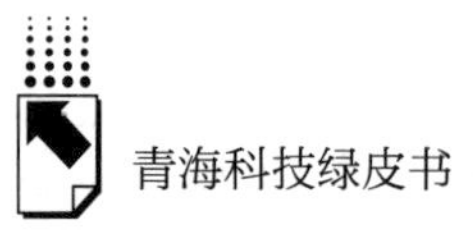

占34.17%，达到国内先进水平的成果159项，占30.69%；国内一般水平的成果27项，占5.21%；未评价水平的成果96项，占18.53%。

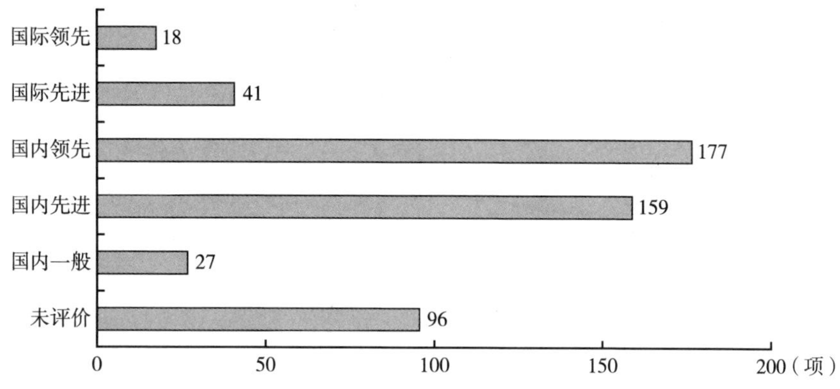

图5　青海省2018年科技成果水平分布

7. 完成人员

518项科技成果中，参与项目研究的科研人员共7084人次，平均每个项目13名科研工作者。

从学历构成来看，青海省的科技工作者队伍主要以大学本科及以上学历构成。博士研究生、硕士研究生和本科学历共参与6532人次，占92.21%；大专学历者参与440人次，占6.21%；大专以下文化程度者参与112人次，占1.58%。

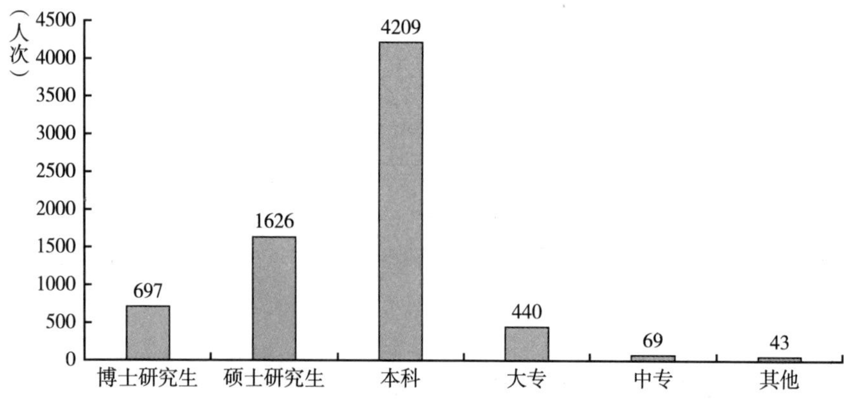

图6　青海省2018年科技成果完成人员学历构成

从年龄结构来看，中青年是科技成果研究人员主体。55 岁及以下科研人员参与 6847 人次，占 96.65%。其中 35 岁及以下科研人员参与 2324 人次，36 ~45 岁之间科研人员参与 2476 人次，46 ~55 岁之间科研人员参与 2047 人次。56 岁及以上科研人员参与 237 人次。

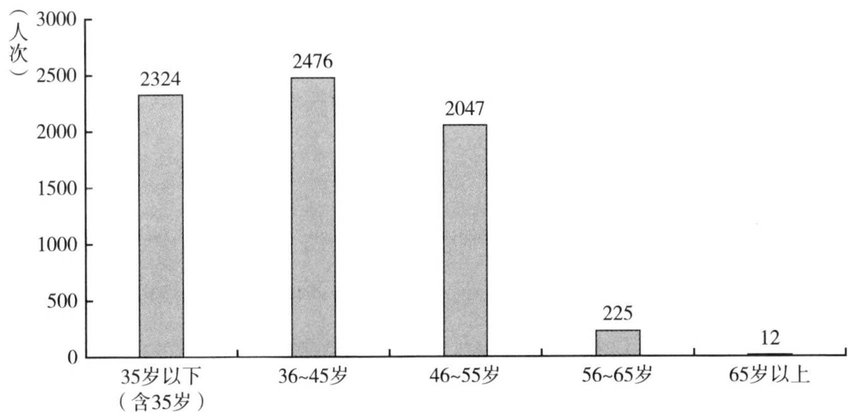

图 7　青海省 2018 年科技成果完成人年龄构成

从技术职称来看，具有中级及以上技术职称的科研人员为 5682 人次，达 80.21%，占据了科研人员的主要比例；初级职称者为 922 人次，占 13.02%；其他科研人员 480 人次，仅占 6.78%。

8. 知识产权情况

2018 年度形成知识产权 434 件。其中，发明专利达 230 项，占知识产权数的 53.00%；实用新型专利 158 项，占 36.41%；外观设计专利 11 项，占 2.53%；软件著作权 35 项，占 8.06%。

表 2　2018 年青海省科技成果知识产权产出构成

单位：件

	合计	独立科研机构	大专院校	企业	医疗机构	其他
知识产权数	434	85	60	260	2	27
其中:发明专利数	230	59	28	135	—	8
实用新型专利数	158	18	27	100	2	11

续表

	合计	独立科研机构	大专院校	企业	医疗机构	其他
外观设计专利数	11	—	4	7	—	—
软件著作权数	35	8	1	18		8
其他	0	0	0	0	0	0

从主体划分，企业形成知识产权 260 件（占 59.91%），是专利的主要来源；独立科研机构 85 件（占 19.59%）；大专院校 60 件（占 13.82%）；医疗机构和其他单位共有 29 件（占 6.68%）。

9. 研发经费投入

登记的 518 项成果，其经费总投入为 421162 万元。其中成果完成单位自筹资金 329653 万元，占总投入的 78.27%；地方投入 23897 万元，占 5.67%；国家投入 15378 万元，占 3.65%；部门投入 49361 万元，占 11.72%；基金投入 107 万元；国外资金 153 万元。

（二）2018年登记应用技术成果基本情况

1. 成果属性

393 项应用技术成果中，按照成果属性占比从高到低排列依次为：属于原始性创新的成果过半（占应用技术成果数的 67.18%），达到 264 项；属于国内技术二次开发成果 111 项，占 28.24%；属于国外引进消化吸收创新的成果 18 项，占 4.58%。

2. 成果水平

393 项应用技术成果中，按照成果水平数量占比从高到低排列依次为：国内先进水平 122 项（占 31.04%），国内领先水平 120 项（占 30.53%），未评价水平 92 项（占 23.41%），国内一般水平 22 项（占 5.60%），国际先进水平 21 项（占 5.34%），国际领先水平 16 项（占 4.07%）。

3. 所处阶段

393 项应用技术成果中，处于成熟应用阶段的成果 219 项，占 55.73%，初期阶段成果 89 项，中期阶段成果 85 项。

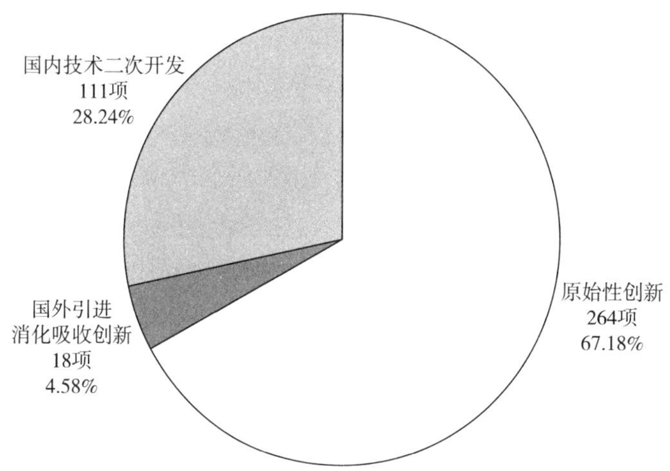

图 8　青海省 2018 年科技成果属性分布

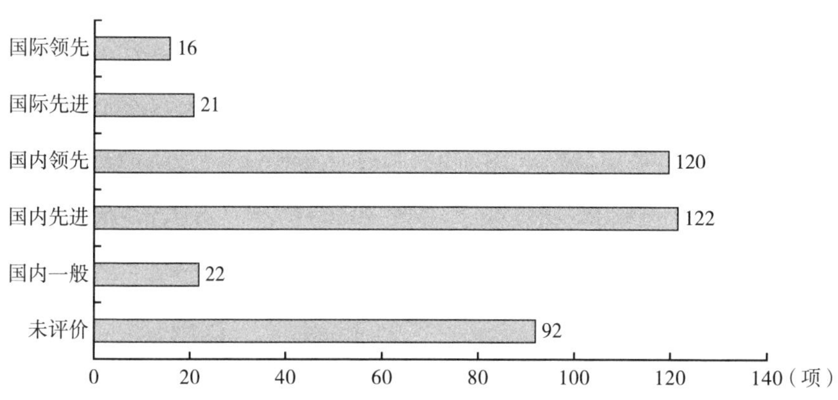

图 9　青海省 2018 年应用技术类科技成果水平

4. 所属高新技术领域

393 项应用技术成果中，有 134 项属于高新技术领域，占应用技术成果总数的 34. 10%。134 项成果分布在 7 个高新技术领域内，按照成果数由高到低排列依次是：现代农业 33 项（占 8. 40%）、新能源与节能 25 项（占 6. 36%）、现代交通 23 项（占 5. 85%）、生物医药与医疗器械 14 项（占 3. 56%）、新材料 11 项（占 2. 80%）、电子信息 9 项（占 2. 29%）、地球、空间与海洋 7 项（占 1. 78%）、先进制造 6 项（占 1. 53%）、环境保护 6 项（占 1. 53%）。

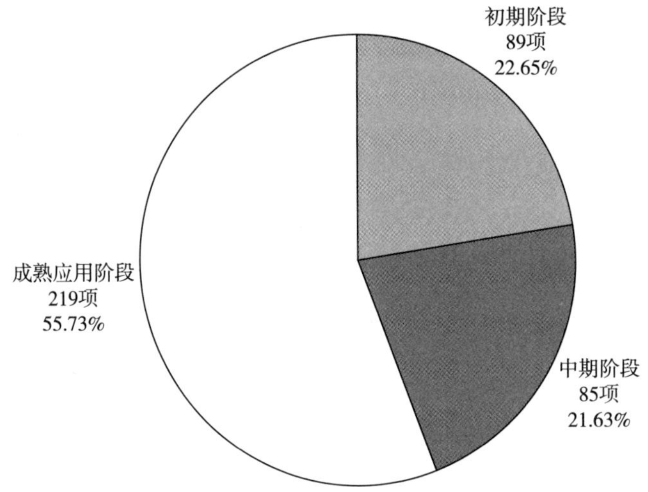

图 10　青海省 2018 年应用技术类成果所处阶段

5. 行业分布

393 项应用技术成果行业分布较广，体现在 12 个应用行业中，按产业分布进行分类统计：第一产业 131 项，占应用技术成果总数的 33. 33%；第二产业共 91 项，占比为 23. 16%；第三产业共 171 项，占比为 43. 51%。

表 3　2018 年应用技术成果应用行业分布

单位：项，%

应用行业	项目数(项)	所占应用技术成果比例(%)
第一产业	131	33. 33
农林牧渔业	131	33. 33
第二产业	91	23. 16
采矿业	38	9. 67
制造业	33	8. 40
电力、热力、燃气及水的生产和供应业	20	5. 09
第三产业	171	43. 51
建筑业	66	16. 79
交通运输、仓储和邮政业	6	1. 53
信息传输、软件和信息技术服务业	7	1. 78
科学研究和技术服务业	19	4. 83

续表

应用行业	项目数(项)	所占应用技术成果比例(%)
水利、环境和公共设施管理业	5	1.27
卫生和社会工作	66	16.79
文化、体育和娱乐业	1	0.25
公共管理、社会保障和社会组织	1	0.25

6. 应用情况

393 项应用技术成果中，产业化应用成果 152 项，占应用技术成果总数的 38.68%；小批量或小范围应用成果 122 项，占 31.04%；正在试用的成果 92 项，占 23.41%，未应用的成果 27 项，占 6.87%。

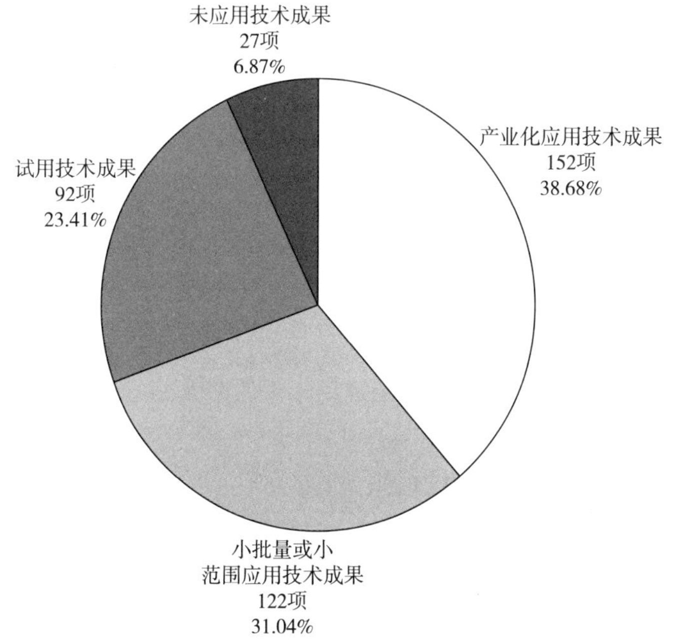

图 11　青海省 2018 年应用技术成果应用情况

7. 经济效益

393 项应用技术成果中，从转化方式角度划分，实际产生经济效益的成果 81 项，自我转化总收入 686718 万元，净利润 140619 万元，实交税金

44441 万元，节约资金 50360 万元，出口创汇 5600 万元；合作转化收入 21323 万元，其中技术入股股权折价 308 万元；产生技术转让与许可收入 10 万元。

（三）2018年登记基础理论成果基本情况

2018 年登记的 518 项科技成果中，基础理论成果 103 项，占总数的 19.88%。从成果来源统计显示：课题来源仍以地方计划为主，共 51 项（占 49.51%），其他厅局计划次之，共 18 项（占 17.48%），自选项目 17 项（占 16.50%），国家科技计划 10 项，部门计划 3 项，国际合作 2 项，地方基金 2 项。从成果水平看：成果水平达到国际领先 2 项、国际先进 19 项、国内领先 48 项、国内先进 28 项、国内一般 4 项，未评价 2 项。国内领先以上水平共 69 项，占基础理论成果的 66.99%，总体水平较高。

（四）2018年登记软科学成果基本情况

2018 年登记的 518 项科技成果中，软科学成果 22 项，占总数的 4.25%。从成果来源统计显示：自选课题 8 项、地方计划 7 项、其他厅局计划项目 4 项、部门计划 1 项、部门基金 1 项、横向委托 1 项；从成果水平统计显示：国际先进 1 项、国内领先 9 项，国内先进 9 项，国内一般 1 项，未评价 2 项。

（五）2018年登记科技成果产出分析

2018 年度登记的 518 项科技成果经统计整理，呈以下几个特点。

（1）2018 年 518 项科技成果，应用技术成果 393 项，占 75.87%；基础理论成果 103 项，占 19.88%；软科学成果 22 项，占 4.25%。从来源上看，自选课题数量为 163 项，成为主要来源，达到 31.47%，其中企业自选课题登记成果 69 项，占自选课题成果总数 42.33%；地方计划成果数次之，达到 133 项。反映出企业等科研主体的自主创新意识和能力进一步提高，今后仍需强化鼓励自主创新、自主选题以及知识产权保护，提高自选课题成果数量和质量，提高科研主体的创新能力。

（2）2018 年应用技术成果共 393 项，其中，产业化应用成果 152 项（应用技术成果总数的 38.68%），小批量或小范围应用成果 122 项（31.04%），正在试用的成果 92 项（23.41%），未应用的成果 27 项（6.87%）。今后仍需加强青海省高校和科研院所创新资源优势，加强产学研合作，促进相关优秀技术成果的转化，进一步提高产业化应用水平。从行业分布看，第一产业成果共 131 项，其中独立科研机构和大专院校完成 54 项，占第一产业成果数的 41.22%，企业、事业单位完成 76 项，占第一产业成果数的比例提高，达 58.02%；第二产业成果共 91 项，企业为主力军，共完成 71 项，占第二产业成果数量 78.02%；第三产业成果数量较上年增加，主要原因是 2017 年 11 月新修订的《青海省科技成果登记管理办法》拓展了登记范围，建筑业登记科技成果数量增长明显，共登记成果 66 项，其中工法类成果 25 项。

（3）2018 年登记成果属地方计划的 133 项，占登记总数的 25.68%，其中验收登记的成果数量增长明显，共 90 项，占地方计划数的 67.67%，今后仍需加强成果管理及科技计划立项管理的结合，鼓励科技立项的项目在研发中形成科技成果，以增加登记科技成果数量，提高成果质量。

二　形势与展望

（一）面临的形势

虽然在 2018 年科技成果产出超过 500 项，取得了一定的成效，但依然面临一些问题。首先，科技成果管理方面，科技成果质量仍有待提高，科研主体自主创新意识提高的同时，仍存在片面追求论文、评价水平的问题，应用技术类科研内容的创新性、先进性滞后于市场需求，缺少前瞻性研究。其次，在科技成果转移转化方面，科技成果登记系统新增加了关于科技成果转移转化情况的内容，通过分析可以看出，科技成果转移转化的相关政策仍需加强落实，缺少相关政策的实施细则是目前面临的主要问题。最后，在科技奖励方面，2018 年共奖励相关科技成果近 60 项，但各区域、行业间差距较大，企业缺乏创新、科研单位应用转化难，产学研结合需要进一步推动。

（二）工作展望

2019 年仍需进一步加大工作力度，保证数量的同时，提高科技成果质量，优化科技成果构成结构。进一步加强科技成果登记服务工作，促进登记、奖励、转化相结合，促进产学研结合，加强省、市科技部门以及其他各行业主管部门间数据共享，建立科技成果统一登记体系，充分掌握青海省各类科技计划、科技成果存量与增量数据的动态变化，向社会公布科技成果信息，加强信息共享和服务支撑，促进科技成果转移转化工作。

G.6

2018年青海科技创新体系建设报告*

摘　要： 2018年，青海省深入实施创新驱动发展战略，持续深化科技体制改革，强化政策举措，优化创新环境，着力推动重点实验室、工程技术研究中心、临床医学研究中心、科技基础条件平台等各类科技创新平台建设，完善科研机构的创新绩效评价，加强科技创新人才的引进和培养，不断强化以企业为主体、市场为导向、产学研深度融合的具有青海特色的科技创新体系建设力度，为青海省的科技创新提供良好的科研环境和智力支撑。

关键词： 科技创新　体系建设　青海省

2018年，青海省科技部门深入实施创新驱动发展战略，以“五四战略”为抓手，奋力推进“一优两高”，持续深化科技体制改革，强化政策举措，优化创新环境，着力推动重点实验室、工程技术研究中心、临床医学研究中心、科技基础条件平台等各类科技创新平台建设，完善科研机构的创新绩效评价，加强科技创新人才的培养和引进，营造浓厚的创新文化氛围，大力推进产学研协同创新，建设具有青海特色的科技创新体系，为科技创新提供良好的科研环境和智力支撑。

---

* 课题组成员：苏海红、瞿文蓉、张海满、赵长建、吴玲娜、多杰措、王杏芳、俞成、刘鲤君、吴浩、惠庆华、薛仲萍、孙艳丽、冶宗祥、李雪琳、孔祥宇、韩有军。

一　青海科技创新体系建设概况

（一）企业创新主体地位进一步强化

着力提升青海省企业创新实力，推动企业真正成为研发投入、技术创新活动和创新成果应用转化的主体。

一是重点对高新技术企业、科技型企业评价体系进行了优化，通过建设和优化企业数据库，引导企业规范化管理，加强了科技型企业、高新技术企业培育工作，进一步提升了高新技术企业、科技型企业及科技“小巨人”企业综合实力和竞争力，使其成为带动全省产业结构调整和经济持续增长的重要力量。

二是多渠道加大对企业有关研发费用加计扣除政策宣传辅导，并通过深入企业走访调研，帮助企业对国家税收优惠政策应享尽享，也借助政策辐射提高企业研发投入。

三是按照《关于申报 2017 年度企业研究开发费用税前加计扣除补助资金的通知》（青科发高新〔2018〕115 号）有关规定，省科技部门对 2017 年度开展了研发费用税前加计扣除工作，旨在鼓励企业加大研发投入，提高企业自主研发实力。

（二）科研院所创新能力不断提高

持续激发科研机构的创新活力。根据《青海省科研机构创新绩效评价办法》，对 38 家科研机构开展的创新绩效评价工作，根据评价结果对科研创新工作开展较好的 20 家科研机构给予基本科研业务费的支持。基本科研业务费可以由各单位根据科研工作需要，自主支配开展科研工作，进一步激发了科研机构的创新活力。

（三）区域科技创新能力得到有效提升

一是聚焦实施乡村振兴战略和区域协调发展战略，落实《关于青海省推动县域创新驱动发展的实施意见》相关政策措施，开展科技创新驱动示范县（市、区）建设，启动了乐都区、乌兰县、祁连县、河南县、甘德县五个县（区）首批创新试点县建设工作。

二是推动高新技术产业园、农业科技园区、创新型产业集群发展和海南州国家可持续发展议程创新示范区创建工作，发挥国家高新区、国家农业科技园区的辐射引领作用。配合高新区管委会筹备组加快理顺青海国家级高新区体制机制，积极推动4个在建省级高新区的建设和培育，支持高新区内工程技术研究中心、科技企业孵化器和众创空间建设，形成从苗圃—孵化器—加速器全链条创新创业链条，全年新增各类创新创业平台12家。支持农业科技园区发展，对全省38个省级农业科技园区进行了绩效评估，按照《青海省农业科技园区管理办法》规定，对评价结果前10名的省级农业科技园区分别给予一定数额的资金奖励。积极推动“西宁（国家级）经济技术开发区锂电创新型产业集群”培育，构建“正负极材料—薄膜—电解液—动力电池（储能电池）—电动汽车”产业链，推动锂电产业升级。全力推进海南州国家可持续发展议程创新示范区创建工作，制定创建规划和推进方案，明确创新示范区战略定位、发展目标和重点举措。

（四）科技创新平台建设进一步加强

一是重点实验室方面，完成了省级重点实验室2018年度单项评估工作，结合《青海省重点实验室建设与运行管理办法》，对争取项目、开放合作与成果转化、人才培养和引进、科研产出四个方面进行得分排序前12名（前20%）的重点实验室分别给予20万元奖励支持。新认定3家省级重点实验室。目前已建成国家级重点实验室2个、省级重点实验室63个。

二是工程技术研究中心建设方面，修订出台了《青海省工程技术研究中心管理办法》，完成了省级工程技术研究中心的绩效考核工作，对考核结果优秀的省级工程技术研究中心给予资金奖励。并完成“青海省微电网及储能工程技术研究中心”等9家省级工程技术研究中心认定工作。目前，省级工程技术研究中心累计达到69个。

三是科技基础条件平台建设方面，支持青海省医学基因检测技术平台、基于多源数据集成与应用导向的盐湖科学数据中心平台、中国火星类比区（选址区）与火星环境综合信息数据平台等科技基础条件平台建设项目共12项。为促进青海省大型科研仪器设施开放共享，开展了2018年度大型仪器共享服务补贴工作，加入青海省大型科研仪器共享服务网络平台的单位有98家，入网仪器1099台套，服务机时72789小时，服务样品数786093件，服务中小企业994家，提高利用率和服务水平。

四是青海省临床医学研究中心建设方面，省科技部门会同省卫健委、省药监局联合制定了《青海省临床医学研究中心暂行管理办法》，公布了《青海省第一批临床医学研究中心名单》，正式确认青海省包虫病临床医学研究中心、青海省高原病临床医学研究中心等6个中心为青海省第一批省级临床医学研究中心，且省科研专项资金共安排经费给予一定的支持。

（五）科技成果转移转化服务体系持续完善

一是充分利用搭建的“青海科易网——青海省网上技术交易市场平台”，畅通技术转移转化渠道，推动科技成果与产业、企业需求的有效对接。按照《青海省技术交易补助实施细则》（青科发高新〔2017〕85号）有关规定，对通过审核的“青海东台吉乃尔锂资源股份有限公司”等19家单位给予67.3万元奖励补助，进一步优化科技资源配置，强化企业技术创新主体地位，促进科技成果转化与产业化。

二是协调成立青海省技术市场协会。2018年12月18日青海省技术市场协会（简称协会）成立大会暨第一届会员大会在西宁召开，来自全省的科技成果转移机构、高等院校、科研院所、高新技术企业、科技型企业以及部分科技咨询服务机构、会计师事务所、律师事务所等100多家单位会员代表参加。经会员大会无记名投票选举产生了会长单位1家，副会长单位14家，理事单位18家，会员单位66家。协会将依托企业、高校、科研院所等创新主体在创新链的不同环节的功能和作用，链接政、产、学、研、金、用等科技创新资源，成为青海省行业科技成果转化推广应用的重要平台。

三是采用定性和定量相结合的方式完成了对全省11家科技企业孵化器和26家众创空间年度绩效评价工作，“青海生科中小企业创业有限公司”、“青海省创业发展孵化器有限公司”等7家科技企业孵化器及“海东驿站”、“创客青海”等10家众创空间被评为优秀孵化器或众创空间，给予一定资金奖励，支持其提升科技服务能力。完成2018年度青海省众创空间和科技企业孵化器认定工作，“普众文化创意产业众创空间”等13家众创空间和“青海启迪之星孵化器”等3家科技企业孵化器通过认定。完善和优化了创新创业服务链条，更好地为青海省创新创业群体和创业企业提供了相关服务。

（六）科技人才队伍建设取得新进展

不断完善高层次科技人才集聚机制，重点培养集聚一批发展急需的创造型、复合型、外向型高素质科技人才，加快聚集和培养高层次科技创新人才。积极推荐青海省高层次人才申报国家人才计划，目前，10人入选科技部创新人才推进计划，9人入选中组部“万人计划”。完成第十三批省自然科学与工程技术学科带头人的选拔认定工作，共选拔学科带头人51名，并对前十二批368名学科带头人进行了评估考核。组织中科院两所申报第三批“青海省高端创新人才千人计划”。并通过实施和推行“三区”科技人员专项及科技特派员制度，鼓励科技人员深入基层开展服务，选派“三区”科技人才8354名，资助经费9248.2万元。

二　青海创新体系重点工作进展情况

（一）青海省重点实验室建设

为推动省级重点实验室健康快速发展，2018年度组织开展了重点实验室年度单项评估工作，结果表明，重点实验室建设总体科研水平大幅提升，人才结构显著优化，基础条件不断改善，开放交流更加活跃，逐步成为组织开展高水平研究、聚集和培养高层次人才、开展学术交流的重要基地，为解

决青海省经济社会发展突出问题提供了战略性、基础性、前瞻性的知识储备和科技支撑。

1. 青海省重点实验室布局

截至2018年底，青海省共有63个省级重点实验室、1个省部共建国家重点实验室培育基地、1个省部共建国家重点实验室和1个企业国家重点实验室。

（1）领域分布。63个省级重点实验室分布在10个学科领域，其中环境资源领域5个，占实验室总数的8%；地学领域7个，占实验室总数的11%；化学领域2个，占实验室总数的3%；工程领域3个，占实验室总数的5%；材料领域5个，占实验室总数的8%；能源领域6个，占实验室总数的9%；信息领域5个，占实验室总数的8%；农业领域13个，占实验室总数的21%；医药领域8个，占实验室总数的13%；生物领域9个，占实验室总数的14%。

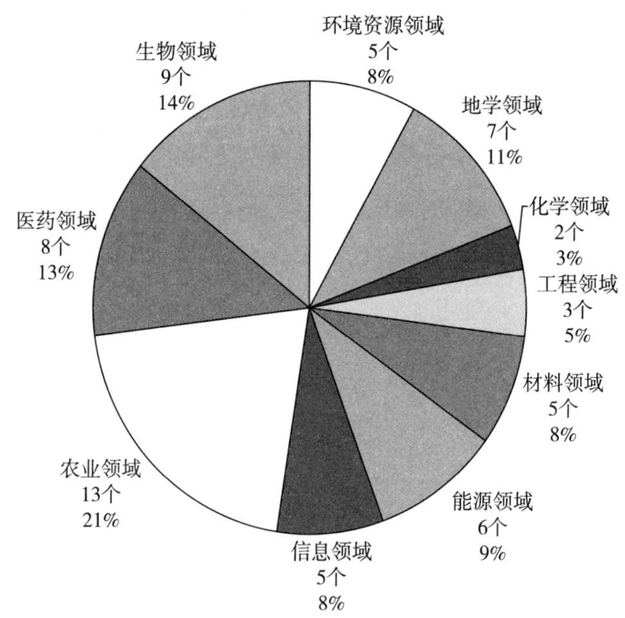

图1　青海省重点实验室领域分布

（2）所属部门分布。重点实验室依托单位所属部门以中国科学院、青海省教育厅、省国资委、省科技厅、省地质矿产勘查开发局为主，其中中国科学院8个，占13%；省教育厅19个，占30%；省国资委6个，占9%；省科技厅2个，占3%；国土厅6个，占9%；省农牧厅2个，占3%；省卫生厅4个，占6%；省交通厅1个，占2%；省环保厅1个，占2%；央企4个，占6%；其他部门10个，占16%。

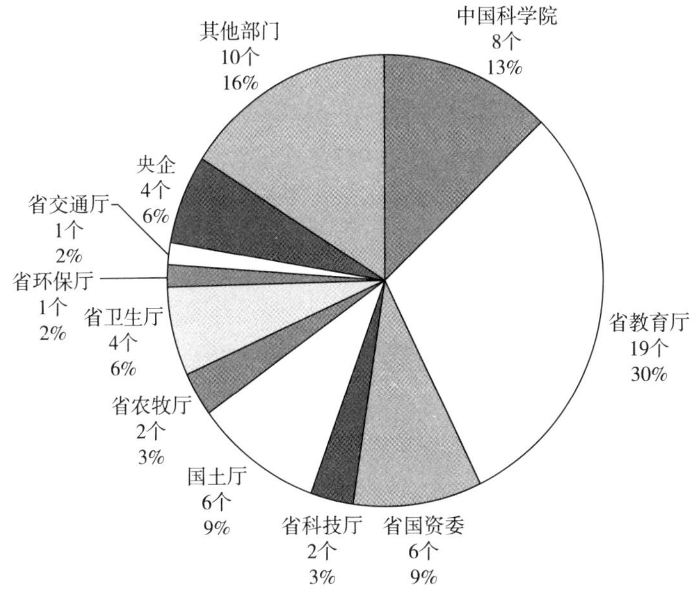

图2　青海省重点实验室依托单位所属部门分布

在地域分布上，重点实验室主要集中在西宁和海西地区，其中西宁地区为60个，占95%；海西地区3个，占5%；其他州市没有省级重点实验室。

（3）依托单位性质和类型分布。高校、科研院所和企业是重点实验室的主要依托单位，全省以高校为依托单位的重点实验室共12个，占19%；以科研院所（含转制院所）为依托的重点实验室共28个，占44%；以企业为依托的重点实验室12个，占19%；以其他事业单位为依托的重点实验室11个，占18%。

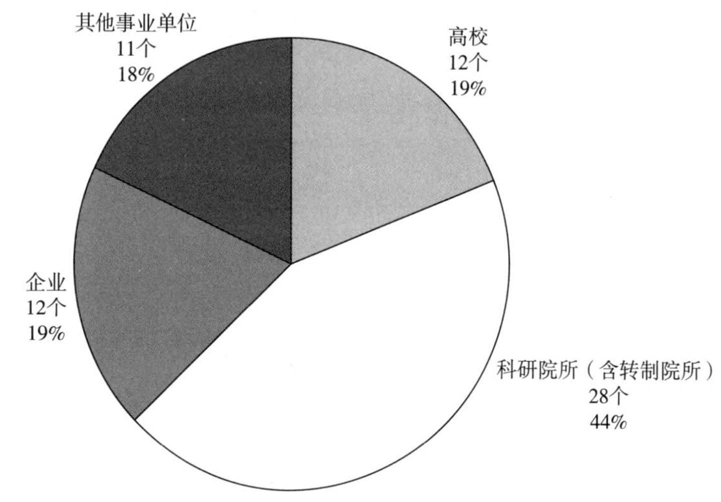

图3　青海省重点实验室依托单位性质分布

2. 人才培养和队伍建设

通过各种渠道培养、引进人才，优化人才结构，不断壮大科研队伍。目前，实验室共有固定人员 1992 人，其中博士 349 人，硕士 497 人，学科带头人 254 人，优秀中青年人才 937 人。

表1　人才培养分布

年份	实验室固定人员(人)				
	总数	博士	硕士	学科带头人	优秀中青年
2016 年	2001	347	487	100	1067
2017 年	2188	382	548	218	1184
2018 年	1992	349	497	254	937

3. 科研条件

实验室总面积达到 213. 8 万平方米，其中实验用房面积约 15. 4 万平方米，办公用房面积 5. 4 万平方米，实验用地面积 192. 9 万平方米。省级重点实验室共有仪器设备 13906 台（套），其中新购 916 台（套），原值 1. 58 亿元。

表2　青海省重点实验室条件建设

实验室面积(万平方米)				仪器设备(台/套)	
面积	实验用房	办公用房	实验用地	设备总数	新购设备
213.8	15.4	5.4	192.9	13906	916

4. 科研产出

实验室积极争取和承担国家及省部级科研项目，共承担国家项目97项，争取国家经费12540.66万元，参与国家项目10项，争取经费1084.5万元。取得国家新品种、新标准6项，省级新品种、新标准25项；发表论文690篇，其中SCI收录285篇，核心405篇；出版专著44部；获得发明专利124件。

表3　青海省重点实验室科技成果情况

年份	承担国家项目(项)	取得省级新品种、新标准	SCI收录	核心期刊收录	出版专著	发明专利
2016年	44	18	69	158	26	97
2017年	61	10	303	166	13	76
2018年	97	25	285	405	44	124

5. 开放交流

省级重点实验室加大开放交流力度，加强科技合作，定期或不定期举办各类学术会议，积极参加国内外学术会议，开展学术交流。举办学术会议88场次，参加各类学术会议293次。承担各类科技合作项目60项，争取经费2120.84万元。

表4　青海省重点实验室开放交流情况

科技合作项目(项)	举办学术会议	参加学术会议
60	88	293

6. 重点实验室专项资金支持情况

2018年青海省创新平台建设专项计划支持实验室31个，当年资助4160

万元，其中支持全面评估优秀重点实验室 13 个，当年资助金额 2600 万元；支持年度成果产出单项业绩优良的重点实验室 29 个，当年资助金额 960 万元，支持省部共建国家重点实验室 600 万元。

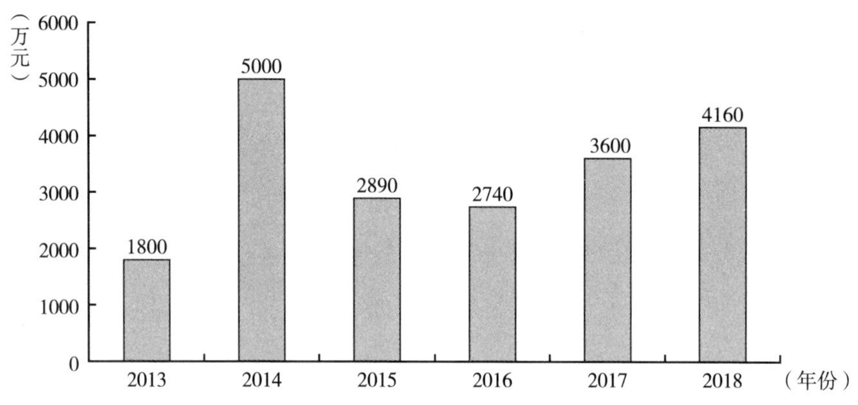

图 4　青海省重点实验室近六年资助金额

（二）青海省工程技术中心建设

根据《青海省工程技术研究中心管理办法》要求，自 2018 年起，工程中心按照独立运行方式进行考核，因此，部分指标不再计入工程中心考核范畴，故当年工程中心的有些数据不与往年做比较。

1. 总体运行情况

总体情况主要包括工程中心分布情况、建设面积和仪器设备、中心法人资格三个部分。

（1）分布情况。2018 年，青海省拥有工程中心 68 家，撤销工程中心 5 家，新认定工程中心 9 家，同比新增 4 家。按领域划分，新材料技术领域 19 家、新能源技术领域 12 家、先进制造技术领域 8 家、现代农牧业产业技术领域 6 家、现代生物产业技术领域 15 家，生态环保产业技术领域 2 家，新一代信息技术领域 3 家，地质交通及矿产资源开发技术领域 3 家。

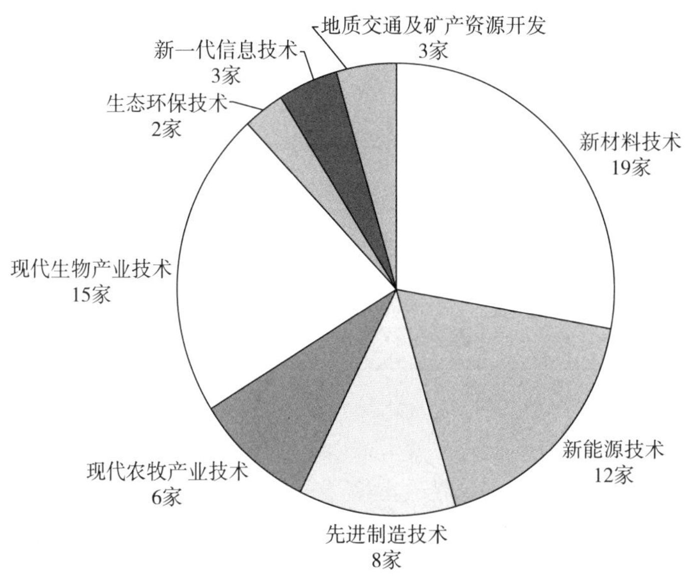

图5　2018年工程中心按技术领域分布情况

按地域划分，西宁市52家、海西州11家、海东市3家、海北州1家、海南州1家。

按依托单位性质划分，依托工业企业组建52家、依托科研院所（含转制科研院所）组建14家、依托高校组建2家。

（2）建设面积和仪器设备情况。截至2018年底，青海省68家工程中心建设面积达34.71万平方米，同比新增5.03万平方米，增长14.49%，52%的面积用于中试及扩大化，39%的面积用于科研试验，9%的面积用于工程中心办公。其中：青海省微电网及储能工程技术研究中心、青海省政务服务大数据工程技术研究中心、青海省石墨烯基锂离子电池工程技术研究中心、青海省现代藏药创制工程技术研究中心、青海省智能微电网系统工程技术研究中心增长显著。

（3）人才队伍情况。截至2018年底，工程中心拥有职工3185人，其中：固定工作人员2495人，客座人员663人，分别占职工总数79%和21%。2018年，工程中心拥有院士7人，"千人计划"入选者59人，本年

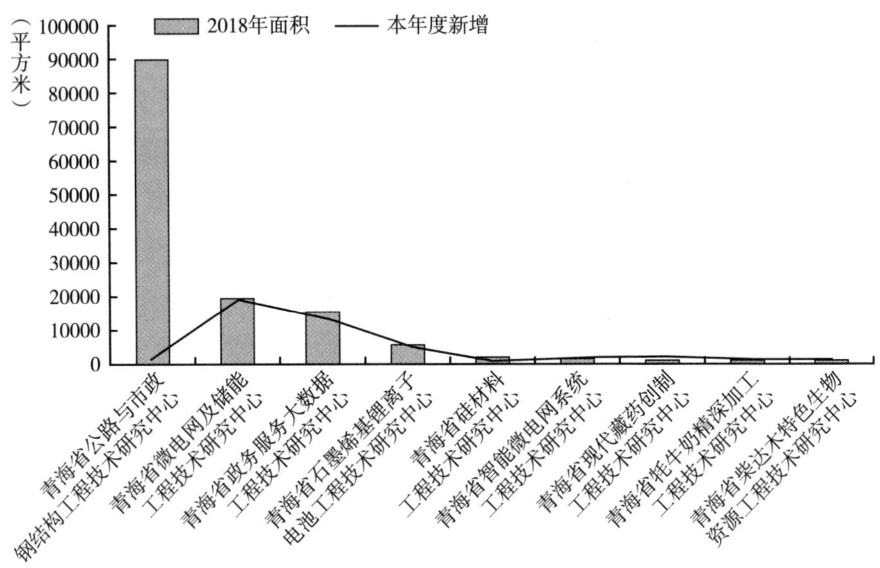

图 6　2018 年工程中心试验场地面积增长情况

度新增 28 人，“万人计划”入选者 6 人，“人才推进计划”入选者 28 人，学术带头人 125 人。

表 5　2018 年省级工程技术研究中心人员情况

单位：人

人员总数	3185	
按工作性质分	从事科技活动人员	2285
	其中:科技活动人员中固定人员人数	1800
	研发人员人数	1635
	其中:研发人员中固定人员人数	1468
按学位学历分	博士生	230
	硕士生	444
	本科	1345
	其他	1166
按技术职称分	高级职称	661
	中级职称	637
	初级职称	578
	其他	1309

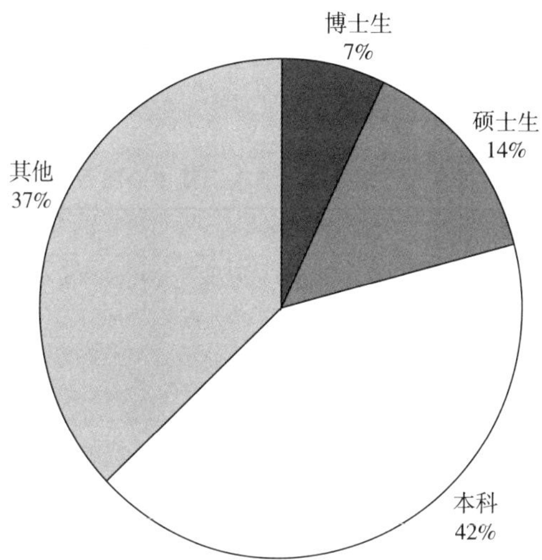

图 7　2018 年工程中心人员学历构成情况

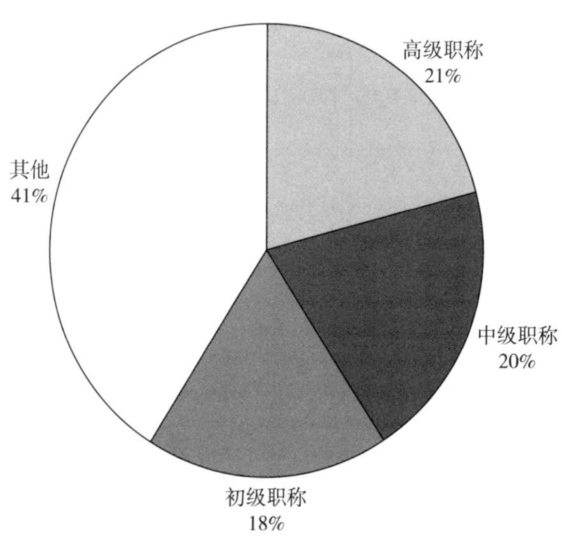

图 8　2018 年工程中心人员职称构成情况

（4）投入情况。2018 年，工程中心总投入 25.93 亿元，其中：研发投入 6.34 亿元，研发投入中财政科技专项经费 1.2 亿元，依托单位投入 3.89

亿元，工程中心投入0.79亿元。

（5）法人资格情况。截至目前，青海省已建成独立法人工程中心9家。

表6　已建成独立法人工程中心名单

序号	原工程中心名称	建成独立法人后名称	批复单位
1	青海有色矿产资源工程技术研究中心	青海西部矿业工程技术有限公司	省工商局
2	青海省硅材料工程技术研究中心	青海省亚硅硅材料工程技术有限公司	省工商局
3	青海省钛及钛合金工程技术研究中心	青海省钛及钛合金工程技术有限公司	省工商局
4	青海省菊粉工程技术研究中心	青海威德菊粉工程技术研究有限公司	省工商局
5	青海省高纯纳米氧化铝材料工程技术研究中心	青海省高纯纳米氧化铝材料工程技术研究中心	省民政厅
6	青海省高原有色金属研发工程技术研究中心	青海高原有色金属研发有限公司	省工商局
7	青海省机电设备工程技术研究中心	青海省机电设备工程技术研究中心	西宁市城中区食药局
8	青海省计算机应用工程技术研究中心	青海省计算机应用工程技术研究中心	西宁市城西区食药局
9	青海省草业工程技术研究中心	青海省草业工程技术研究中心	省工商局

2.绩效产出情况

绩效情况主要包括工程中心技术创新情况和经济效益情况两部分。

（1）工程中心技术创新情况

①专利专著。2018年，工程中心申请专利41件，其中申请发明专利27件、实用新型专利13件、外观专利1件；授权专利43件，其中：授权发明专利20件、实用新型专利19件、软件著作权3项、外观专利1件；发表论文118篇，其中EI论文22篇、SCI论文65篇、ISTP论文26篇、专著5部。

②标准制订。2018年工程中心共制订各类标准22项，其中：制订国家标准1项；行业标准8项；地方标准2项；团体标准2项；企业标准9项。

③工程化能力。2018 年工程中心配合承担各类科研项目 73 项，其中国家级 4 项，项目总经费 3641 万元；省部级 22 项，项目总经费 1.56 亿元；自主开发项目 33 项，总经费 4.05 亿元；企事业单位委托开发项目 14 项，总经费 1.75 亿元。

表 7　承担科研项目及获得成果情况

单位：项

类别	国家级				省部级			
年度	2015	2016	2017	2018	2015	2016	2017	2018
承担科研项目	18	29	15	4	92	108	115	22

（2）工程中心经济效益情况

2018 年，工程中心技术服务收入和提供检验检测等服务性收入共 33048.48 万元，其中技术服务收入 9863 万元，提供检验检测等服务性收入 1145.9 万元，其他收入 2.2 亿元。

3. 合作交流情况

（1）技术合作与协作。2018 年，工程中心与 39 家国内外大专院校、科研机构、企业开展技术合作，其中：大专院校 11 家，科研机构 4 家，企业 24 家，分别占合作单位总数的 28.2%、10.26%、61.54%。工程中心主要采取共同研究开发、委托生产加工、咨询服务等合作方式。其中：共同研发 12 家，委托生产加工 4 家，咨询服务 8 家，分别占合作单位总数的 50%、16.7%、33.33%。

表 8　2018 年工程中心合作单位情况

单位：个

合作单位类别		合作单位数量	共同研究	委托生产加工	咨询服务
国内机构	大专院校	11	12	4	8
	科研机构	4			
	企业	24			
合计		39	12	4	8

（2）学术交流及培训服务。2018 年，工程中心举办国内外学术报告会及专题讲座 24 期；参加国内技术交流会与展销会 17 次；参加国际学术交流 3 次；召开学术报告会与专题讲座 4 次，达成 17 项合作项目，合作项目经费 1800 万元；通过现场指导等方式对外开展服务次数 18 次，培训人员达 3360 人次，其中培训管理人员 313 人次，技术人员 655 人次，工人 321 人次，农民工 1414 人次，其他人 657 人次。

（三）科技基础条件平台建设

1. 持续加大科技基础条件平台建设力度

青海省科技基础条件平台运用共建共享机制，有效配置科技资源，搭建了公益性、基础性、战略性布局合理和开放高效的资源共享信息平台。2018 年，支持建筑节能材料及工程安全技术创新服务平台、青海省医学基因检测技术平台、基于多源数据集成与应用导向的盐湖科学数据中心平台、高原特色保健新产品研发平台、青海省中藏药材数字化技术服务平台、科技大数据文献共享服务平台、青海省植物基因与基因组学研究创新服务平台、中国火星类比区（选址区）与火星环境综合信息数据平台等科技基础条件平台建设项目共 12 项，资助经费 2330 万元，平均支持强度为 194 万元，同比增加 33%。

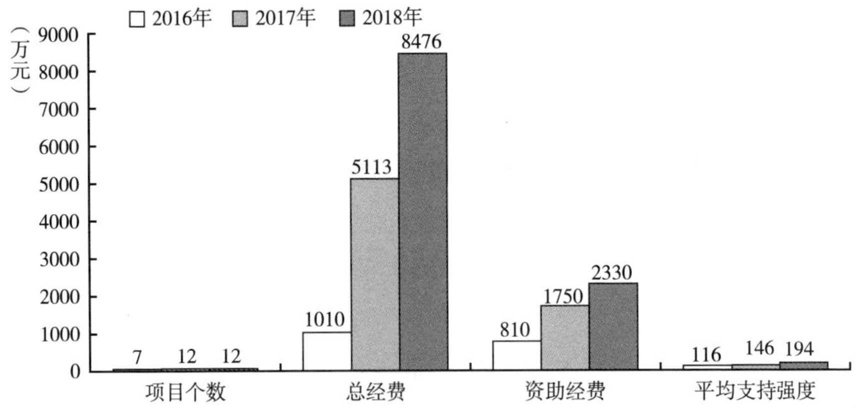

图 9　2016～2018 年青海省科技基础条件平台支持情况

2. 大型科学仪器共享平台逐步完善

不断促进青海省大型科研仪器设施开放共享，提高利用率和服务水平。2018 年，服务机时 72789 小时，服务样品数 786093 件，服务中小企业 994 家。为鼓励大型仪器拥有单位增强科技创新服务的能力和水平，开展了 2018 年度大型仪器共享服务补贴工作。

3. 青海省科技文献资源共享平台建设稳步提升

2018 年，青海省科技文献资源共享平台开发全新系统，将科技期刊、学位论文、会议论文、标准文献、专利文献、科技报告、科技成果、科技智库等 127 个数据库文献资源进行深度融合拓展，累计更新文献数据 3.5 亿条。科技文献平台持续为青海省科研院所、高等院校、大中型企业和科研人员提供科技文献服务，新平台访问量达到 86000 余次，文献下载量达到 67384 篇，开展定制化的文献传递服务，2018 年为青海省内 80 家创新主体提供文献传递 2100 余次。

4. 开展大型科研仪器购置补助

制定出台进一步推动促进科研基础设施和仪器向社会开放的实施方案。2018 年，青海省开展对科研机构和高校的大型科研仪器购置补助工作，共支持购置大型科研仪器 9 台套，补助经费 5346 万元。

（四）青海省科普发展情况

2017 年度全省科普工作总体情况保持稳定。科普经费投入持续增加，科普专职人员占比下降，兼职人员保持稳定，人员结构有所变化；科普场馆建设资金投入呈下降态势；科普传播媒介发挥了重要的作用，各种形式的科普作品大量涌现，科普活动举办规模不断扩大，群众参与度明显提升，科普活动日益成为提高公众科技意识和科学素养的重要途径，以科技活动周为代表的群众性科普活动产生了广泛的社会影响。

1. 科普专职人员占比下降，兼职人员保持稳定，人员结构有所变化

2017 年度全省共有科普人员 7912 人；其中科普专职人员 860 人，占科普人员总数的 10.87%；科普兼职人员 7052 人，占科普人员总数的

89.13%；全省科普兼职人员共投入工作量4360人月，同比增加224.41%，增幅明显。共有中级职称以上或大学本科以上学历的科普人员4456人，占科普人员总数的56.32%；中级职称以上或大学本科以上学历的科普专职人员484人，占科普专职人员总数的56.28%；中级职称以上或大学本科以上学历的科普兼职人员3972人，占科普兼职人员总数的56.32%。科普工作人员的整体数量同比有小幅下降。有农村科普人员557人，占科普人员总数的7.04%。其中农村科普专职人员53人，占科普专职人员总数的6.16%；农村科普兼职人员504人，占科普兼职人员总数的7.15%。共有科普管理人员193人，占科普人员总数的2.44%，同比降低0.04%。专职从事科普创作的人员共78人，占全省科普人员总数的0.99%，同比有所增加，但总体规模仍然较小。

2. 科普场馆建设、科普画廊宣传力度有所下降

2017年度全省有科技馆3个，科学技术博物馆4个，城市社区科普（技）专用活动室105个，农村科普（技）活动场地501个，2017年科普宣传专用车（辆）99辆，科普画廊453个。

3. 科普经费投入增加，科普专项经费大幅提升

2017年度全省科普经费筹集额10239万元，同比增加8.98%。其中，政府财政拨款8687万元，占投入总金额的84.84%，同比增加11.16%。在政府拨款的科普经费中，科普专项经费7417万元，占年度科普经费总额的72.44%，同比增加47.26%。年度科普经费筹集额及政府拨款已连续四年持续增长。

表9　2013～2017年度科普经费筹集额构成的变化

单位：万元

项目	2013年	2014年	2015年	2016年	2017年
政府拨款	5422	4957	6362	7815	8687
捐赠	8	6	0.1	103	4
自筹资金	777	937	927	754	799
年度科普经费筹集	6439	6271	8068	9396	10239

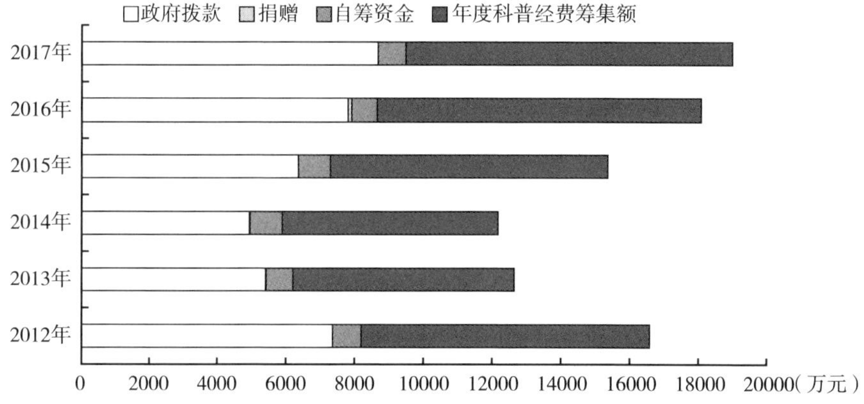

图 10　科普经费筹集额按来源分类（2012～2017 年）

2017 年度青海省科普经费使用额共计 9491 万元，同比下降 21.48%，其中行政支出 2817 万元，同比下降 14.17%；科普活动支出经费 4349 万元，同比增加 12.59%；科普场馆基建支出 1447 万元，同比下降 67.45%，其他支出 886 万元，同比增长 77.91%。科普场馆基建支出同比减少 2999 万元。其中展品、设施支出经费 1197 万元，占科普场馆基建支出经费的 82.72%，场馆建设支出 147 万元，同比减少 2417 万元。科普活动支出占支出总额的 45.82%，同比有所上升。

4. 科普传播媒介百花齐放

2017 年度全省共出版科普图书 356 种，同比增加 19 种；出版总册数约为 111.27 万册，同比增加 16.65%；全省共出版科普期刊 18 种，出版总册数为 78920 册，出版量同比减少 27.83%。2017 年度全省共发行科技类报纸 171.62 万份，广播电台播出科普（技）节目总时长为 3980 小时，电视台播出科普（技）节目总时长为 1798 小时，发行科普（技）音像制品 31 种，发行科普（技）类光盘 35358 张。全省 2017 年度共建设科普网站 45 个，呈现快速增长态势。

5. 科普活动讲座持续不断

2017 年度全省举办科普（技）讲座 4905 次，参加人数为 166.03 万人次，举办科普（技）展览 968 次，参加人数为 142.73 万人次，各类机构共举办科普（技）竞赛118次，参加人数为6.10万人次。

2017年度全省科技活动周共投入相关经费284万元，同比增加80.89%，其中政府拨款200万元，企业赞助11万元。科技活动周期间，共举办科普专题活动649次，参加人数为43.69万人次。

2017年度共建有青少年科技兴趣小组511个，参加人数26583人；青少年科技夏令（冬）营活动共举办72次，参加人数8056人次。全省共有60个大学、科研机构向社会开放，约有6681人次参加；科普国际交流24次/年，参加人数5220人次。

表10　2013～2017年度举办科技活动周情况

	2013年	2014年	2015年	2016年	2017年
科普专题活动(次)	563	784	657	943	649
参加人数(万人次)	34.16	77.95	70.19	70.97	43.69

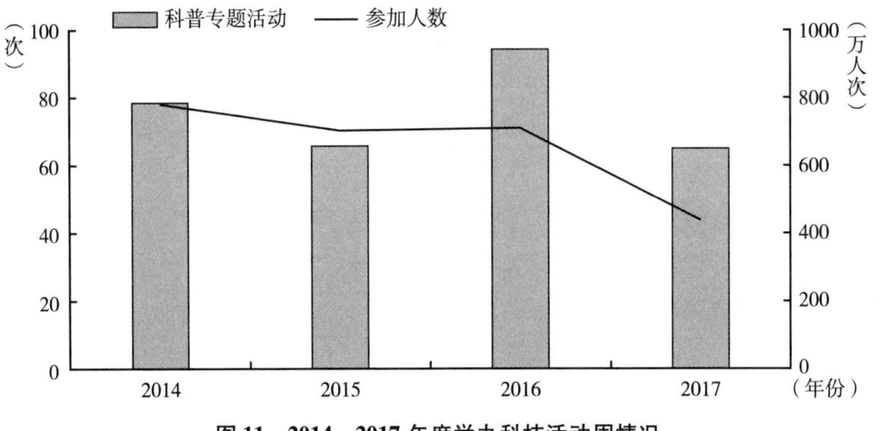

图11　2014～2017年度举办科技活动周情况

6. 创新创业中的科普

2017年共有众创空间44个，工作人员为221人。孵化科技类项目117个，同比增加12个。创新创业培训776次，培训参加人数为74156人次。开展科技类项目投资路演和宣传推介活动52次。举办科技创新创业赛事24次，科普产业收入80万元。

7. 加强科普宣传，开展各类科技教育、传播普及活动

举办以“科技创新强国富民”为主题的科技活动周，各州市县开展了科技大篷车流动宣传、开放科普基地、科普展馆和实验室、科研人员和科普志愿者进校园进社区、科技下乡、科技咨询、科技培训（包括网络科普培训）、科普体验、科技成果推介、科普志愿者行动、科普进寺院等46项科普活动。全省72个单位的1300余名科普工作者参与活动，开放科研院所、科普教育基地、重点实验室76个，科技报告会37场，培训农牧民5000人次，充分发挥了科技活动周在提升公民科学素质中的重要作用。举办2018年全国大众创业万众创新活动周，举行了“高质量创新创业主题论坛”，在全省各地开展创业故事纷享荟、青创赛、寻找高原青年创客（第三季）青年创业交流、农村创业创新项目创意大赛、创业创新大讲堂等各类活动。积极参加“三下乡”活动，组织相关专家参加同仁县主会场活动并设立咨询服务台，开展产品展示、种养殖技术答疑、省级农村信息化服务平台展示，并捐赠价值340万元的项目。同期在海东市开展分会场——青海省农村信息化科技服务下乡启动会，通过信息化手段突破时空地域限制，做到科技下乡服务的持续性和高效性，做到科技特派员服务农户一对一，专家服务品种一对一，真正实现面向农户的个性化、智能化、精准化科技服务。

（五）科技人才队伍建设

青海省大力实施人才强省战略，积极开展科技人才的引进培养，把优化人才发展政策环境作为科技工作的战略任务，以创新人才激励政策为切入点，以提高科技创新水平和能力为核心，培养造就学科和技术领域的带头人，带动全省科技人才队伍建设和发展，为创新驱动发展提供智力支撑。

1. 科技人才基本情况

2017全省R&D人员达9675人，同比增长31.1%。其中博士毕业603人、硕士毕业1470人、本科4569人、其他3033人。

从事科技活动人员中科研机构为1137人，占总量的11.8%；企业为

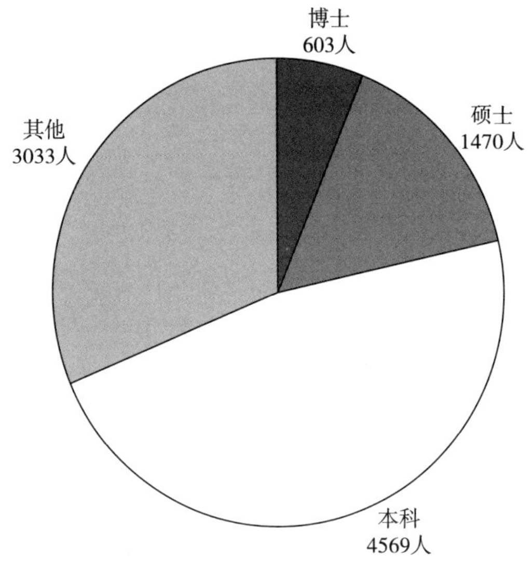

图 12　全省 R&D 人员学历分布

5924 人，占总量的 61.2%；高等学校为 1578 人，占总量的 16.3%；事业单位为 1036 人，占总量的 10.7%。

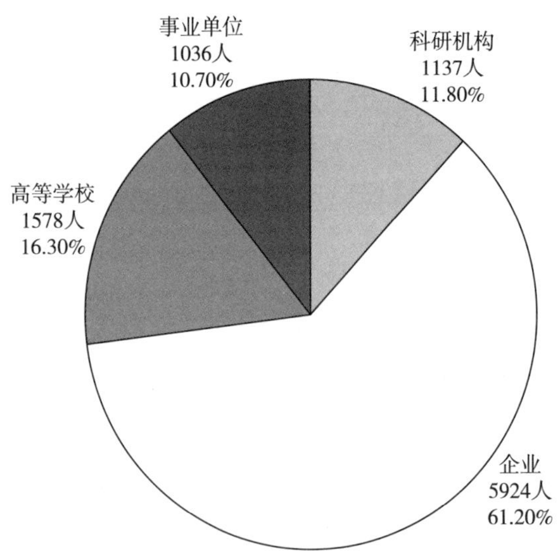

图 13　全省 R&D 人员行业分布

截至目前，青海省现有工程院院士1人，有突出贡献的中青年专家40人，享受政府特殊津贴专家634人，省级优秀专家285人，省级优秀专业技术人才568人，省级自然科学与工程技术学科带头人373人，入选国家“万人计划”9人、创新人才推进计划10人。

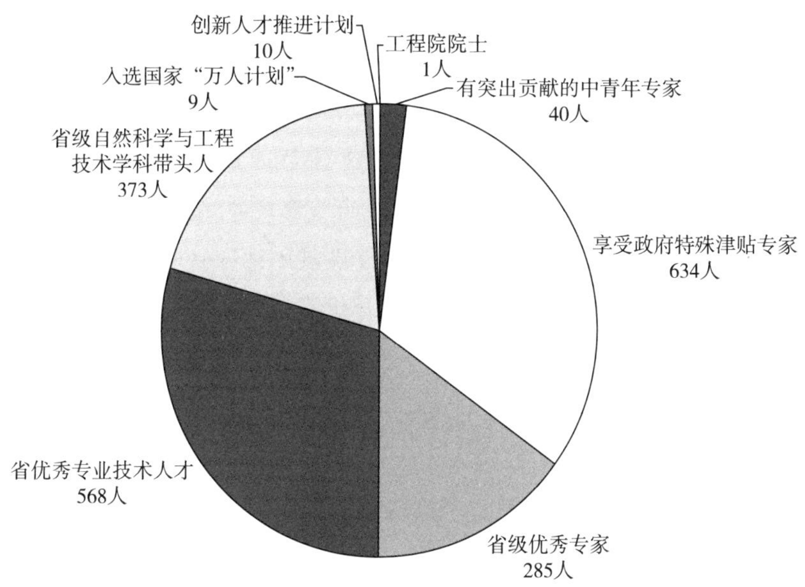

图14　青海省高层次人才情况

2. 科技人才工作进展和政策落实情况

（1）深入推进“放管服”改革，调动科技人员工作积极性。贯彻落实省委、省政府推进科技领域“放管服”改革的要求，制定出台了《深化科技领域“放管服”改革二十条（暂行）》。从科研管理方面精简程序，充分减负，激发了创新活力，调动高校科研人员积极性。重点清理了科技计划项目、人才项目、平台基地建设、机构评估、科技奖励、职称评审、人员绩效考核等活动中涉及“唯论文、唯职称、唯学历、唯奖项”的做法。建立科学的评价体系，树立正确的科研价值导向，让优秀科研人才“冒”出来、提升项目科技含金量，为社会发展和进步带来更强创新推动力。

（2）实施人才计划和项目，加强科技人才队伍建设。持续开展青海省自然科学与工程技术学科带头人选拔工作，2018 年新选拔学科带头人 51 名；开展前十二批学科带头人评估工作。截至 2018 年底，青海省共有学科带头人 373 人。在 63 家省级重点实验室建设中，43 家重点实验室主任均为学科带头人。所有科技计划项目中将培养科技创新人才作为一项重要考核指标，在省级重点实验室年度评估中，设立人才培养奖励单项，2018 年，对培养人才突出的 12 个省级重点实验室给予 240 万元的奖励支持。组织实施青海省自然科学基金“面上项目”、“青年项目”和“创新团队”。推进科技特派员和“三区”人才专项工作，2018 年选派科技特派员及三区人才 1566 名，“三区”人才服务“三区三州”深度贫困地区县覆盖 29 个，占全部贫困县的 90.6%，服务“三区三州”深度贫困地区县的“三区”科技人员 421 名，占全部服务人员的 51%。推荐优秀人才到省级和国家级高层人才队伍中去，其中中青年领军人才 1 人、创新人才培养示范基地 1 个（正在公示）入选科技创新人才推进计划。向科技部推荐李相俊等 3 人为国家“万人计划”青年拔尖人才候选人；推荐王体虎、潘彤等 12 人为首届“青海学者”候选人；完成了青海省“高端创新人才千人计划”的推荐工作。

（3）着力搭建科研平台，发挥科技人才创新引领作用。修订完善了《青海省工程技术研究中心管理办法》、《青海省科研科普基地管理办法》、《青海省临床医学研究中心暂行管理办法》等政策措施，推进“三江源生态和高原农牧业省部共建国家重点实验室”建设，2018 年支持国家重点实验室 600 万元，新建省级重点实验室 3 个、工程技术研究中心 9 个、科研科普基地 4 个。青海省科研基础条件和能力建设专项、大型科研仪器购置补助、青海科技合作计划等，有效提升了创新平台研发能力。2018 年，围绕青海特色优势学科和创新平台建设，争取国家自然科学基金项目 63 项，获资助经费 2406 万元；依托重点实验室等争取国家项目 13 项，获资助经费 3266 万元。

（4）围绕提升企业创新能力，推进大众创业万众创新。搭建创新创业平台，2018 年新认定科技企业孵化器 3 家、众创空间 13 家，全省累计建成国家和省级科技企业孵化器 14 家，认定众创空间 39 家，其中 11 家通过科技部备案。截至2018年10月底，孵化器和众创空间总孵化面积达到108万平方米，在孵企业和团队数量超过1700家。大学生创新创业引导资金已投入资金1.14亿元，支持创业企业109家。大学生创新创业投资引导资金带动了天使投资、风险投资、银行贷款和其他部门对大学生创新创业的支持和投入。

（六）青海科研机构创新绩效状况

为推进青海省科研机构科学发展，提高科技创新能力，青海省科技部门组织开展了2018年全省科研机构创新绩效评价。

1. 评价结果

2018年参加青海省科研机构创新绩效评价的32家单位中，有14家开发类科研机构，18家基础类科研机构。

表11　2018年青海省科研机构创新绩效评价排名

<table>
<tr><th colspan="2">开发类</th><th colspan="2">基础类</th></tr>
<tr><th>排名</th><th>单位名称</th><th>排名</th><th>单位名称</th></tr>
<tr><td>1</td><td>青海省水利水电科学研究院有限公司</td><td>1</td><td>青海省农林科学院</td></tr>
<tr><td>2</td><td>青海省科学技术信息研究所有限公司</td><td>2</td><td>中国科学院西北高原生物研究所</td></tr>
<tr><td>3</td><td>青海省建筑建材科学研究院有限责任公司</td><td>3</td><td>青海省畜牧兽医科学院</td></tr>
<tr><td rowspan="2">4</td><td>青海省气象灾害防御技术中心</td><td rowspan="2">4</td><td>青海省气象科学研究所</td></tr>
<tr><td>青海新能源(集团)有限公司</td><td>中国科学院青海盐湖研究所</td></tr>
<tr><td>6</td><td>青海省环境科学研究设计院有限公司</td><td>6</td><td>青海省测试计算中心有限公司</td></tr>
<tr><td>7</td><td>青海省生产力促进中心有限公司</td><td>7</td><td>青海省地质调查院(青海省地质矿产研究所)</td></tr>
<tr><td rowspan="2">8</td><td>青海省化工设计研究院有限公司</td><td>8</td><td>青海省体育科学研究所</td></tr>
<tr><td>青海省轻工业研究所有限责任公司</td><td rowspan="2">9</td><td>青海省气候中心</td></tr>
<tr><td>10</td><td>青海省核工业地质局检测试验中心</td><td>青海省规划设计研究院有限公司</td></tr>
<tr><td>11</td><td>西宁市蔬菜研究所</td><td>11</td><td>青海省药品检验检测院</td></tr>
<tr><td>12</td><td>青海省公路科研勘测设计院</td><td>12</td><td>青海省地质矿产测试应用中心</td></tr>
<tr><td>13</td><td>青海省高原科技发展有限公司</td><td>13</td><td>青海省交通科学研究院</td></tr>
<tr><td>14</td><td>青海省机械科学研究所有限责任公司</td><td>14</td><td>西宁市林业科学研究所</td></tr>
<tr><td></td><td></td><td>15</td><td>青海省海北藏族自治州农业科学研究所</td></tr>
</table>

续表

开发类		基础类	
		16	青海出入境检验检疫局检验检疫综合技术中心
		17	青海省质量技术监督信息管理中心（青海省标准化研究所）
		18	青海省心脑血管病专科医院

2. 青海省科研机构创新绩效

（1）科研人员情况。2018 年度参加创新绩效评价的科研机构科技人员总数达 3675 人，其中大学以上学历 2208 人，初级以上职称 2214 人。从学历构成来看，科研活动人员主要以大学本科及以上学历组成。博士、硕士、大学学历共 2208 人，其中博士 221 人，占 10.01%，硕士 502 人，占 22.74%，大学 1485 人，占 67.26%。从技术职称来看，2017 年科研机构具有职称的人数为 2214 人，其中高级职称 809，占 36.54%，中级职称 860 人，占 38.84%，初级职称 545 人，占 24.62%

（2）承担实施科研项目。共获批科研项目 212 项，获资助经费 27986.96 万元。其中国家项目 20 项，省部级项目 101 项，其他项目 91 项。

（3）科研产出。包括申请或授权专利、软件著作权和审定品种，国家、地方和行业标准，科技论文，出版专著，科技成果及奖励等指标。

表 12　科研机构科研产出明细

科研产出		数量(件、项、篇、部)
专利与标准	授权专利、软著和审定品种	87
	申请专利	82
	国家标准	5
	地方标准	17
	行业标准	3
科技论文	SCI/EI	112
	核心期刊	101
	其他论文	145

续表

科研产出		数量(件、项、篇、部)
出版专著、教材		2
科技成果及奖励	国际领先	2
	国际先进、国内领先	19
	国内先进、成果登记数	40
科技成果及奖励	国家科技进步奖	0
	省级科技进步奖	5
	相关行业部门科技奖	2

①知识产权。科研机构授权专利、软件著作权和审定品种 87 项，申请专利 82 项。主要分布在中科院西北高原生物研究所、中科院青海盐湖研究所和青海省畜牧兽医科学院，占到总授权项的 69.5%，申请专利占到总申请量的 84.1%。

②技术标准。2018 年科研机构取得技术标准 25 件，其中国家标准 5 项，地方标准 17 项，行业标准 3 项。分布在 11 家科研机构中，其中青海省核工业地质局检测试验中心拥有技术标准共计 7 项，占总标准数的 28%。

③科技论文及专著。2018 年科研机构共发表科技论文 358 篇，科研机构共出版专著 2 部，分布在青海省农林科学院和西宁市蔬菜研究所中。

④科技成果。2018 年青海省科研机构共形成科技成果 61 项，其中国际领先 2 项，国际先进、国内领先 19 项，国内先进、成果登记 40 项。

⑤获得的科技奖励。2018 年青海省科研机构共获得国家科技奖励、省级科技奖励及相关行业部门科技奖 7 项。其中，省级科技进步奖 5 项，相关行业部门科技奖 2 项。

（4）经济和社会效益

2018 年青海省科研机构总收入共计 8.30 亿元，其中技术性收入 2.45 亿元。总收入列前 5 名的是中国科学院西北高原生物研究所、青海省公路科研勘测设计院、青海省地质调查院、中国科学院青海盐湖研究所、青海省农林科学院，其收入占全部总收入的 60% 左右。技术性收入主要分布在青海省地质调查院、青海省建筑建材科学研究院有限责任公司、青海省水利水电科学研究院有限公司、中国科学院青海盐湖研究所、青海新能源（集团）有限公司、青海省化工设计研究院有限公司，占全部技术性收入的68.8%。技术成果转化数共计60件，其中青海省农林科学院共计53件，占技术成果转化总数的88.33%。

（5）科技创新条件

①科研平台。2018年科研机构现有科研平台45个，其中国家级科研平台2个，省部级科研平台35个，其他平台8个。中国科学院西北高原生物研究所拥有科研平台数量位列第一，有9个，其次是中国科学院青海盐湖研究所，有5个。大型仪器开放共享：科研机构大型仪器入网共享83台，分布在3家单位。

②R&D经费占总收入的比例。2018年青海省科研机构R&D经费总计2.58亿元，科研机构R&D经费占总收入的比例超过40%的科研单位有4家，分别是青海省农林科学院、中国科学院西北高原生物研究所、青海省气象科学研究所、青海省水利水电科学研究院有限公司。

表13　2018年青海省科研机构R&D经费占总收入的比例分布明细（列出10%以上）

单位名称	R&D经费占总收入的比例(%)
中国科学院西北高原生物研究所	74.65
青海省农林科学院	70.54
青海省气象科学研究所	46.41
青海省水利水电科学研究院有限公司	46
青海省地质调查院(青海省地质矿产研究所)	39.30
青海省轻工业研究所有限责任公司	27.23
西宁市林业科学研究所	24.19
中国科学院青海盐湖研究所	21.44
青海省畜牧兽医科学院	20
青海省体育科学研究所	19.13
青海省机械科学研究所有限责任公司	17.82
青海省标准化研究所	11.04
青海省气候中心	10.65

③高层次人才及创新团队。2018 年青海省科研机构新增 22 名高层次人才，其中国家级人才 1 人，省级人才 4 人，其他人才 17 人。2018 年青海省科研机构新增创新团队 2 个，省级创新团队和其他团队各 1 个。

三 2019年青海科技创新体系建设工作思路

（一）优化科技政策环境

重点围绕国家和全省深化体制机制改革的总体布局，不断完善优化科技政策环境，着力解决政策贯彻落实层面的短板问题，确保制定出台的科技改革政策真正落到实处、取得实效。完善科技评价、科技诚信体系，持续推进科技计划和经费管理改革，不断推动“放管服”向纵深发展。通过简化科技项目申报和过程管理，降低科技项目申报门槛，赋予科研人员更大的技术路线决策权等，调动科研人员积极性。

（二）优化科技创新平台整体布局

加强科技基础条件平台、重点实验室、工程技术中心建设，增强科技创新能力。促进大型科研仪器设施开放共享，提高利用率和服务水平。

（三）进一步增强企业和科研机构的创新能力

加快建立以企业为主体、市场为导向、产学研深度融合的技术创新体系，提升科技资源高效配置的能力和水平。完善科研机构创新绩效评价，激发各类科研机构创新活力，推动产学研协同创新，更好发挥科研院所、高等院校科技力量的作用。

（四）继续深化人才体制机制改革

围绕“高端创新人才千人计划”、学科带头人队伍建设等不断完善高层次科技人才集聚机制，重点培养集聚一批发展急需的创造型、复合型、外向型高素质科技人才，加快聚集和培养高层次科技创新人才。

G.7

2018年青海省高新技术企业发展报告*

摘　要： 高新技术企业是推动高新技术产业发展的重要力量，是调整产业结构，提高国家竞争力的生力军。近年来，青海省不断强化创新主体培育建设，加强高新技术企业创新发展，不断提升企业自主创新能力，努力使高新技术企业成为拉动青海省经济转型发展的重要力量。截至2018年底，青海省高新技术企业167家，科技型企业达到415家。

关键词： 高新技术企业　科技型企业　科技“小巨人”企业　高新技术园区　青海省

一　青海省高新技术企业发展篇

（一）青海省高新技术企业发展现状分析

2018年，青海省新认定高新技术企业41家，重新认定25家。截至2018年底，青海省高新技术企业数量达到167家，同比增长15.97%。

1. 地域分布情况

2018年，青海省共有167家高新技术企业，其中西宁市138家、海东市8家、海南州4家、海西州16家、果洛州1家。海北州、玉树州和黄南州目前还没有高新技术企业。西宁市已成为青海省高新技术产业的聚集地，

* 课题组成员：许淳、张海满、刘永庆、米杰、赵淑梅、杨灿、蒋光山。

集聚效应显著。按高新区内外企业划分，高新区内高新技术企业 50 家，高新区外高新技术企业 117 家。其中高新区内生物与新医药领域高新技术企业 30 家，占区内高新技术企业总量的 60%，高新区生物与新医药特色产业发展规模和技术水平在不断攀升。

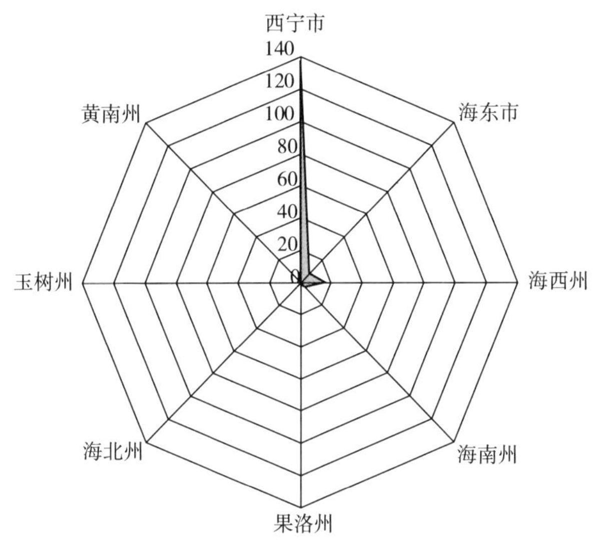

图 1　2018 年青海省高新技术企业地域分布情况

2. 园区分布情况

2018 年，全省 167 家高新技术企业，其中西宁（国家级）经济技术开发区内高新技术企业 95 家，包括生物园区 50 家、东川工业园区 26 家、南川工业园区 10 家和甘河工业园区 9 家；柴达木循环经济试验区内高新技术企业 12 家，包括格尔木工业园 10 家、德令哈工业园 2 家；海东工业园区内高新技术企业 6 家，包括临空综合经济园 4 家、乐都工业园区 1 家、民和工业园区 1 家。数据显示，西宁（国家级）经济技术开发区依然是高新技术企业的集聚地，高新技术企业在各园区中发挥产业主导作用。

3. 技术领域分布情况

2018 年，青海省 167 家高新技术企业中生物与新医药领域 47 家，占高

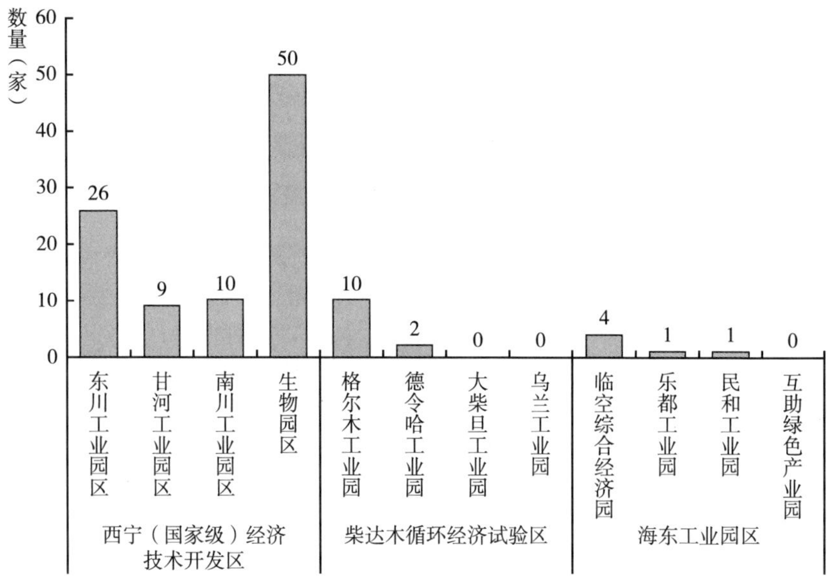

图 2　2018 年园区高新技术企业分布情况

新技术企业总数的 28%；高技术服务领域 39 家，占 23%；先进制造与自动化领域 14 家，占 9%；新材料领域 24 家，占 14%；新能源与节能领域 16 家，占 10%；资源与环境领域 13 家，占 8%；电子信息领域 14 家，占 8%。数据显示：生物与新医药、高技术服务技术领域企业数量占比较大，产业优势明显。

4. 规模化发展情况

青海省 167 家高新技术企业中总资产超过 10 亿元的 23 家，占总数的 14%；总资产 1 亿元 ~10 亿元（含）的企业 63 家，占比 37%；5000 万 ~1 亿元（含）企业 18 家，占总数的 11%；5000 万元（含）以下企业 63 家，占 38%。数据显示，总资产上亿元企业数量逐年增加。

（二）高新技术企业经济发展情况

1. 总体经济情况

2018 年，青海省 167 家高新技术企业累计实现工业总产值 494.28 亿元，

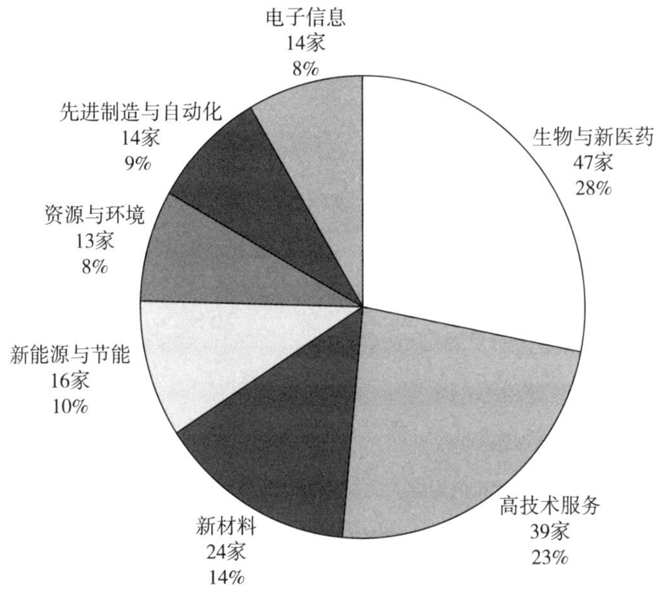

图 3　2018 年青海省高新技术企业技术领域分布情况

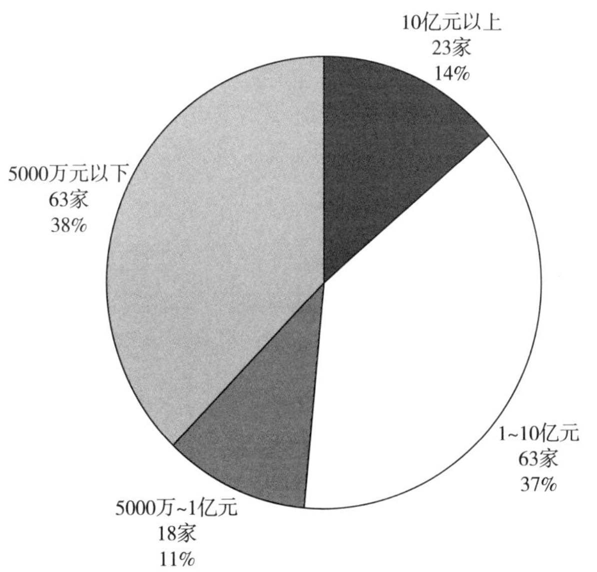

图 4　2018 年青海省 167 家高新技术企业资产规模分布情况

同比增长 32.97%；累计实现营业收入 670.87 亿元，同比增长 14.78%；累计实现主营业务收入 645.77 亿元，同比增长 19.87%；累计实现净利润 0.7 亿元，同比增长 102.35%。其中，青海盐湖工业股份有限公司作为青海省盐湖化工领域的行业领军企业，因受国内外经济下行压力的影响，2017 年度净利润为 -42.88 亿元，2018 年前三季度净利润为 -11.35 亿元，同时因青海西豫有色金属有限公司、青海云天化国际化肥有限公司、黄河鑫业有限公司三家企业亏损较大，2018 年，全省 167 家高新技术企业中 50 家亏损企业净利润为 -23.54 亿元，导致全省高新技术企业净利润对冲后变为 0.7 亿元，很大程度上影响了青海省高新技术企业的经济效益。

另外全省 167 家高新技术企业按照营业收入规模划分，其中在 10 亿元以上的有 15 家，占高新技术企业总数的 9%；营业收入在 1 亿元 ~10 亿元（含）之间的有 30 家，占高新技术企业总数 18%；5000 万元 ~1 亿元（含）的有 16 家，占高新技术企业总数 10%；5000 万元 ~1 亿元（含）的有 16 家，占高新技术企业总数 10%；2000 万元 ~5000 万元（含）的有 32 家，占高新技术企业总数 19%；2000 万元以下的有 74 家，占高新技术企业总数 44%。

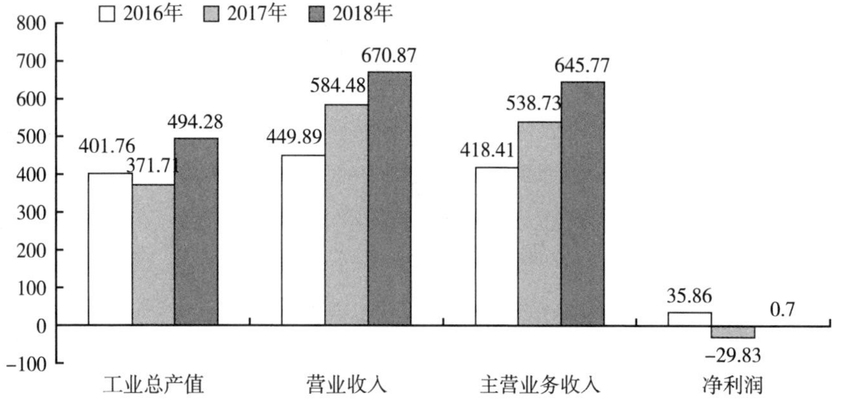

图 5　2016 ~ 2018 年青海省高新技术企业经济发展情况

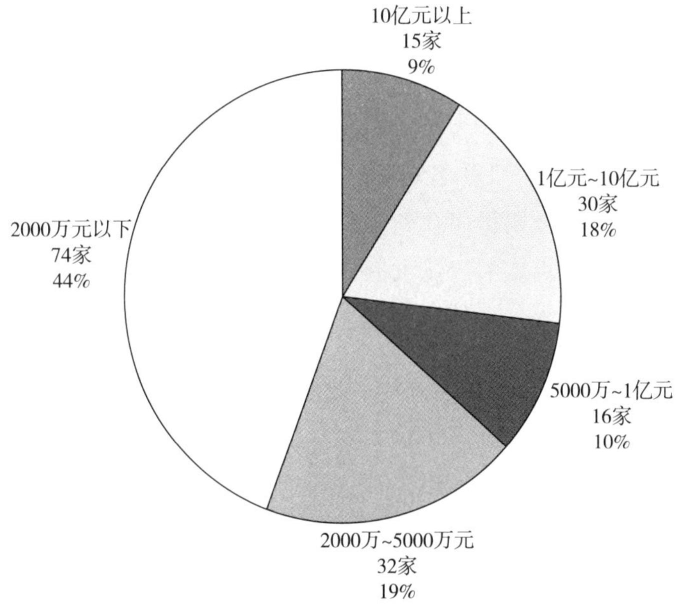

图6　2018年青海省167家高新技术企业营业收入规模分布情况

2. 不同技术领域高新技术企业发展情况

2018年青海省167家高新技术企业涵盖生物与新医药、高技术服务、先进制造与自动化、新材料、新能源与节能、资源与环境、电子信息七大技术领域，其中生物与新医药领域高新技术企业47家，累计实现工业总产值45.95亿元，累计营业收入39.62亿元，分别占全省高新技术企业工业总产值和营业收入的9.30%、5.91%；高技术服务领域39家，累计实现营业收入181.38亿元，占全省高新技术企业营业收入的27.04%；先进制造与自动化领域14家，累计实现工业总产值9.93亿元，累计实现营业收入8.91亿元，分别占全省高新技术企业工业总产值和营业收入的2.01%、1.33%；新材料领域24家，累计实现工业总产值201.74亿元，累计营业收入215.19亿元，分别占全省高新技术企业工业总产值和营业收入的40.81%、32.08%；新能源与节能领域16家，累计实现工业总产值61.77亿元，累计营业收入63.68亿元，分别占全省高新技术企业工业总产值和营业收入的12.50%、9.49%；资源与环境领域13家，累计实现工业总产值174.73亿元，累计营业收入161.18亿元，分别占全省高新技术企业工业总产值和营业收入的35.35%、24.03%；电子信息领域14家，累计实现工业总产值0.16亿元，累计营业收入0.91亿元，分别占全省高新技术企业工业总产值和营业收入的0.03%、0.14%。可以得出在新材料、高技术服务、资源与环境三大技术领域已经成为高新技术产业发展中的主力军，占据高新技术企业经济总量的主导地位。

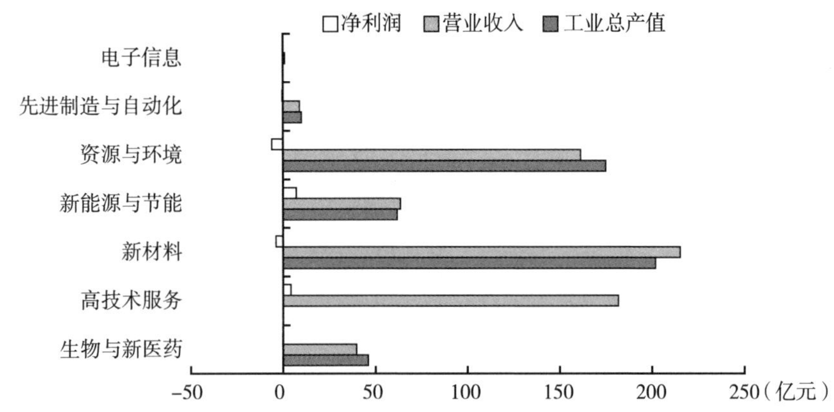

图7　2018年青海省167家高企不同技术领域主要经济指标情况

3. 不同地域高新技术企业经济发展情况

2018年，青海省167家高新技术企业，按照地域经济发展情况分析，其中西宁市138家高企累计实现工业总产值277.94亿元，营业收入471.99亿元，在全省高新技术企业工业总产值和营业收入占比分别为56.23%、70.35%。海西州16家高企实现累计工业总产值205.87亿元，营业收入173.81亿元，在全省高新技术企业工业总产值和营业收入占比分别为41.65%、25.91%。海东市8家高企累计实现工业总产值8.27亿元，营业收入22.74亿元，在全省高新技术企业工业总产值和营业收入占比分别为1.67%、3.39%。海南州4家高企累计实现工业总产值1.69亿元，营业收入1.9亿元，在全省高新技术企业工业总产值和营业收入占比分别为

0.34%、0.28%。果洛州1家高企累计实现工业总产值0.51亿元，营业收入0.43亿元，在全省高新技术企业工业总产值和营业收入占比分别为0.1%、0.06%。由数据分析看出，青海省高新技术企业地域发展不均衡。西宁市作为青海省高新技术企业的集聚地，高新技术产业发展的主战场，无论从企业数量还是经济贡献率方面都表现出明显的地域优势；海西州作为盐湖矿产资源的重要产地，高新技术企业多以大中型企业为主，对高新技术企业的整体经济贡献率表现突出。

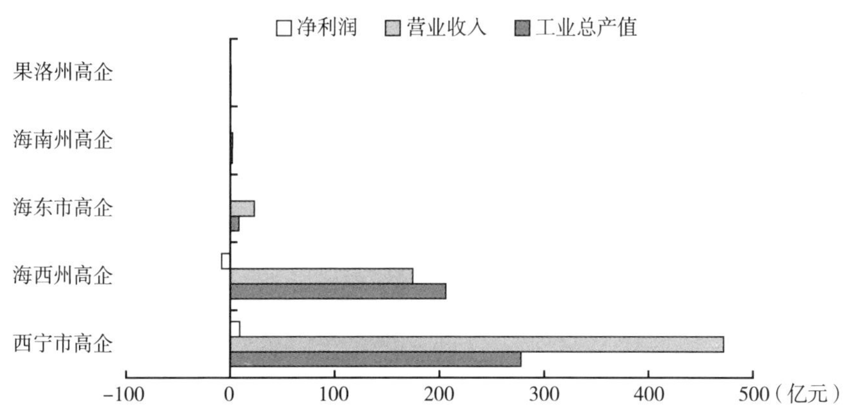

图8　2018年青海省167家高企各地域分布主要经济指标情况

（三）高新技术企业科技投入产出情况

1. 高新技术企业科技投入情况

（1）从科技活动人员投入分析，截至2018年底，全省167家高新技术企业年末从业人员58022人，同比增长8.82%，科技活动人员16776人，同比增长13.85%；企业从业人员中含博士105人，硕士570人，本科14675人，同比增长分别为23.53%、-2.06%和12.22%。一方面，高新技术企业从业人员组成不断优化，一批高学历高层次人才不断加入，另一方面青海省高新技术企业对高学历人才的需求日益迫切，成为制约高新技术企业发展的一项重要影响因素。

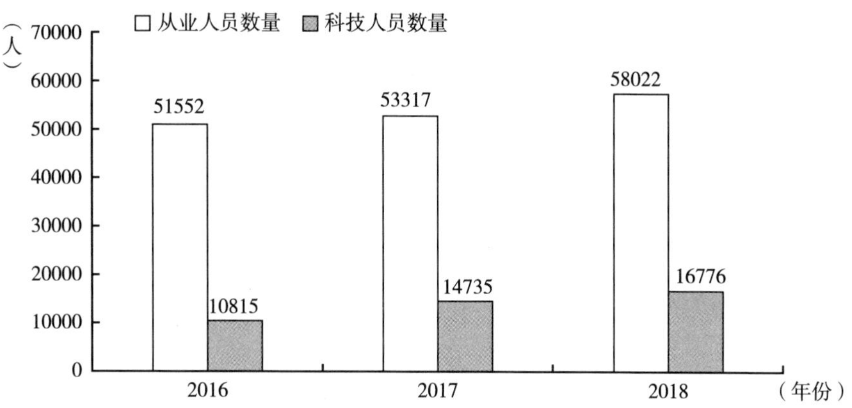

图 9　2016～2018 年青海省高新技术企业从业人员及科技人员情况

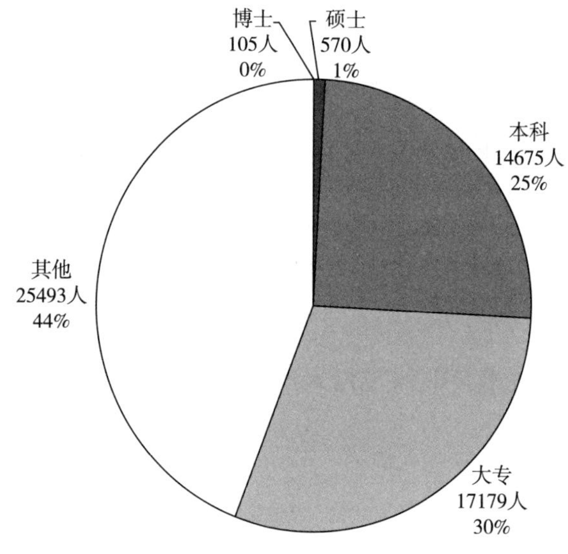

图 10　2018 年青海省高新技术企业从业人员学历构成情况

（2）从研发投入情况分析，截至 2018 年底，全省 167 家高新技术企业累计研发投入 25.9 亿元，同比增长 44.85%。这表明，青海省高新技术企业研发投入呈现大幅度增长趋势，研发活动持续活跃。

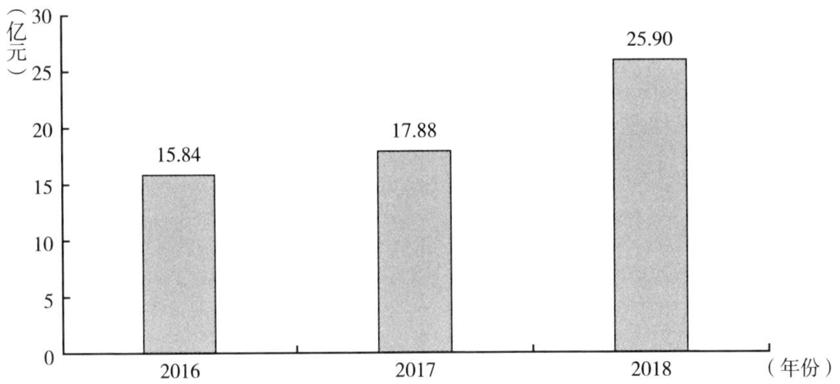

图 11　2016～2018 年青海省高新技术企业研发投入情况

2. 高新技术企业科技产出情况

2018 年，全省 167 家高新技术企业累计授权专利 577 件，同比增加 134 件，同比增长 30.25%，其中发明专利 88 件，实用新型专利 484 件，外观设计专利 5 件，同比增长分别为 54.39%、54.63% 和 -93.15%。截至 2018 年底，全省高新技术企业平均拥有专利数 12.96 件/家，其中发明专利 2.81 件/家。可见，随着青海省高新技术企业研发投入力度不断加大，企业科技产出成果显著。

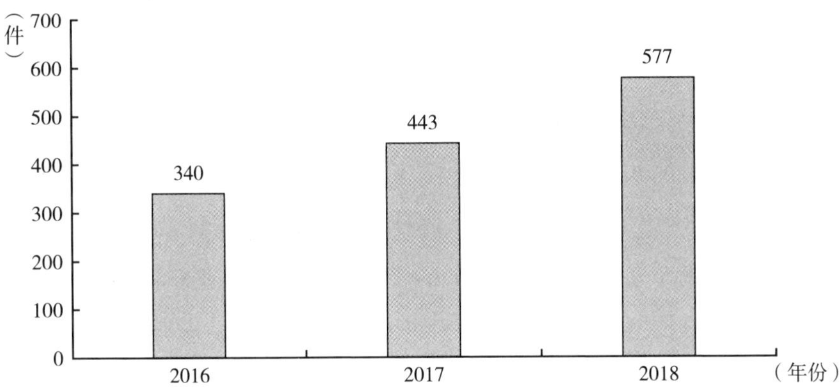

图 12　2016～2018 年青海省高新技术企业专利授权情况

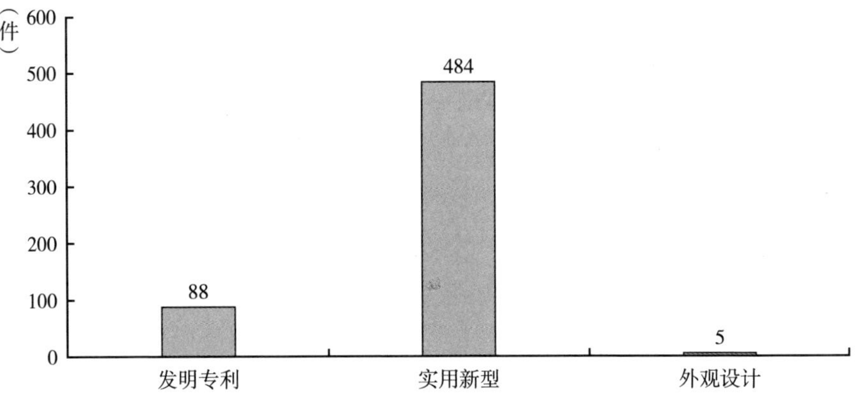

图 13　2018 年青海省 167 家高新技术企业专利授权情况

二　青海省科技型企业发展篇

（一）科技型企业现状分析

2018 年，青海省新认定科技型企业 152 家，复审 76 家。截至 2018 年底，青海省科技型企业数量达到 415 家，同比增长 41.16%。

1. 青海省科技型企业地域分布情况

青海省 415 家科技型企业区域分布显示：西宁市 308 家，同比增长 30.51%，占科技型企业总数的 74.22%；海东市 36 家，同比增长 80%，占科技型企业总数的 8.67%；海西州 47 家，同比增长 123.81%，占科技型企业总数的 11.33%；海南州 14 家，同比增长 40%，占科技型企业总数的 3.37%；海北州 5 家，同比增长 66.67%，占科技型企业总数的 1.2%；果洛州 2 家，占科技型企业总数的 0.48%；黄南州 1 家，占科技型企业总数的 0.24%；玉树州 2 家，占科技型企业总数的 0.48%。数据分析显示，西宁地区科技型企业相对集中，区域优势明显；海西州科技型企业数量同比增幅较大，区域发展潜力较大。

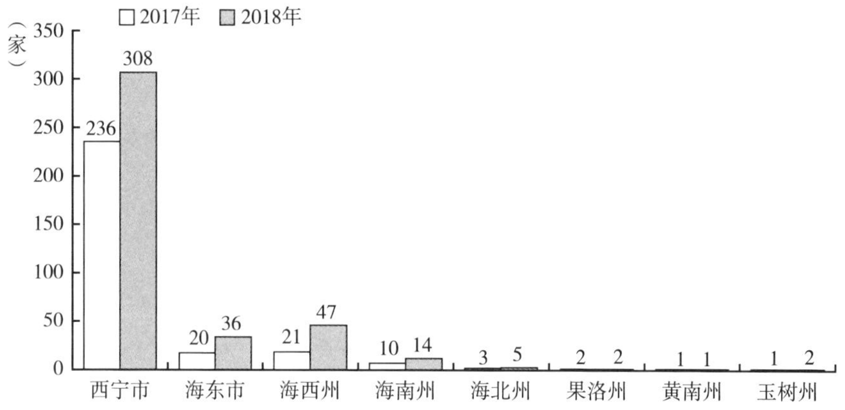

图 14　2018 年青海省 415 家科技型企业区域分布

2. 科技园区内科技型企业分布情况

2018 年全省 415 家科技型企业中位于西宁（国家级）经济技术开发区的有 190 家，其中生物园区 96 家、东川工业园区 58 家、南川工业园 25 家、甘河工业园区 11 家；位于柴达木循环经济试验区 26 家，其中格尔木工业园 9 家、德令哈工业园 15 家、大柴旦工业园 1 家、乌兰工业园 1 家；位于海东工业园区 19 家，其中临空综合经济园 13 家、乐都工业园区 3 家、民和工业园区 1 家、互助绿色产业园区 2 家。西宁经开区科企数量占总量的 46%，区域优势明显。

3. 技术领域分布情况

2018 年青海省 415 家科技型企业分布在七大技术领域，其中生物与新医药领域 149 家，同比增长 39.25%，占科技型企业总数的 35.9%；高技术服务领域 89 家，同比增长 28.99%，占 21.45%；新能源与节能领域 34 家，同比增长 13.33%，占 8.19%；先进制造与自动化领域 32 家，同比增长 60%，占 7.71%；电子信息领域 50 家，同比增长 66.67%，占 12.05%；新材料领域 41 家，同比增长 105%，占 9.88%；资源与环境领域 20 家，同比增长 11.1%，占 4.82%。统计数据显示：生物与新医药领域企业数量占比较大，产业优势明显。新材料、电子信息、先进制造与自动化领域增幅均大于 50%，发展速度较快。

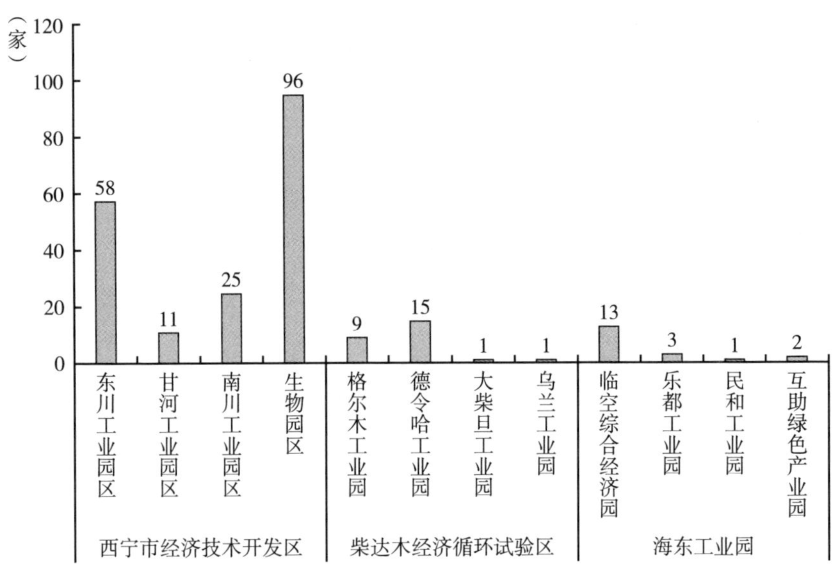

图 15　2018 年青海省 415 家科技型企业技术园区分布情况

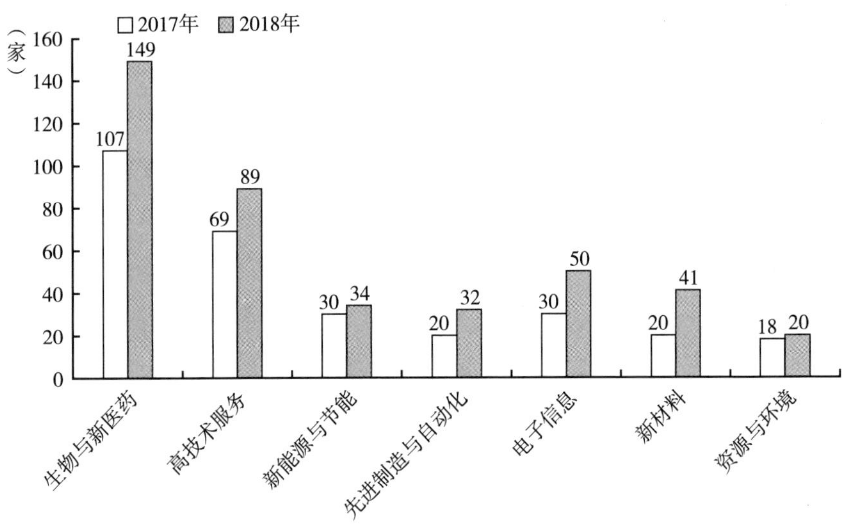

图 16　2018 年青海省 415 家科技型企业技术领域分布

4. 规模化发展情况

（1）按资产规模划分，415 家科技型企业，其中总资产 10 亿元以上的企业有25家，占科技型企业总数的6.02%；1亿元～10亿元的企业有93家，占科企总数的22.41%；1亿元～5000万元的企业有47家，占总数的11.33%；5000万元以下企业250家，占科企总数的60.24%。

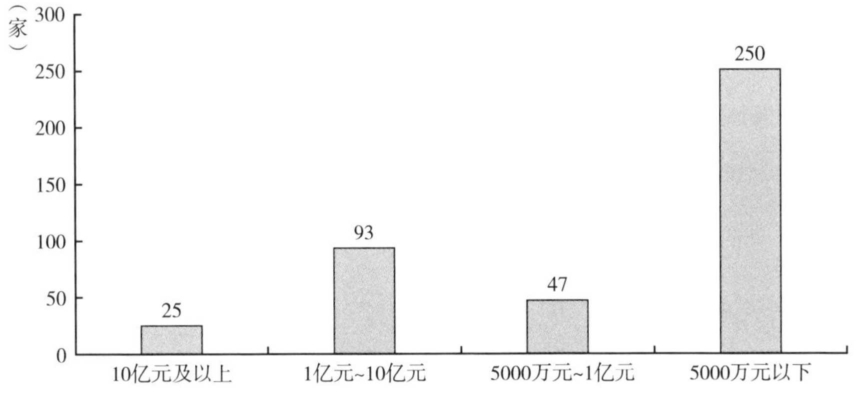

图17 415家科技型企业总资产分布情况

（2）按销售规模划分，415家科技型企业中，销售收入10亿元以上的企业有10家，占科技型企业总数的2.41%；销售收入在1亿元～10亿元的企业有46家，占科技型企业总数的11.08%；销售收入5000万元～1亿元的企业有24家，占科技型企业总数的5.78%；销售收入2000万元～5000万的企业有63家，占科技型企业总数的15.18%；销售收入2000万元以下的企业有272家，占科技型企业总数的65.54%。2018年青海省科技型企业中规上企业（年销售收入2000万元以上）共计143家，占比34.46%，青海省科企规模依然以规模以下企业为主。

（二）科技型企业经济发展情况

1. 总体经济情况

截至2018年底，全省415家科技型企业累计实现工业总产值555.96亿元，同比增长56.41%；实现工业增加值89.47亿元，同比增长27.49%；

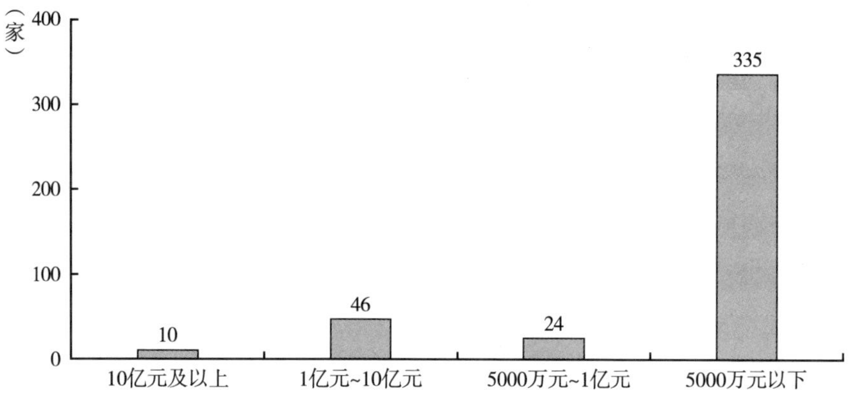

图 18　415 家科技型企业销售规模分布情况

实现总收入 560.14 亿元，同比增长 51.05%；实现净利润 33.88 亿元，同比下降 3.64%。

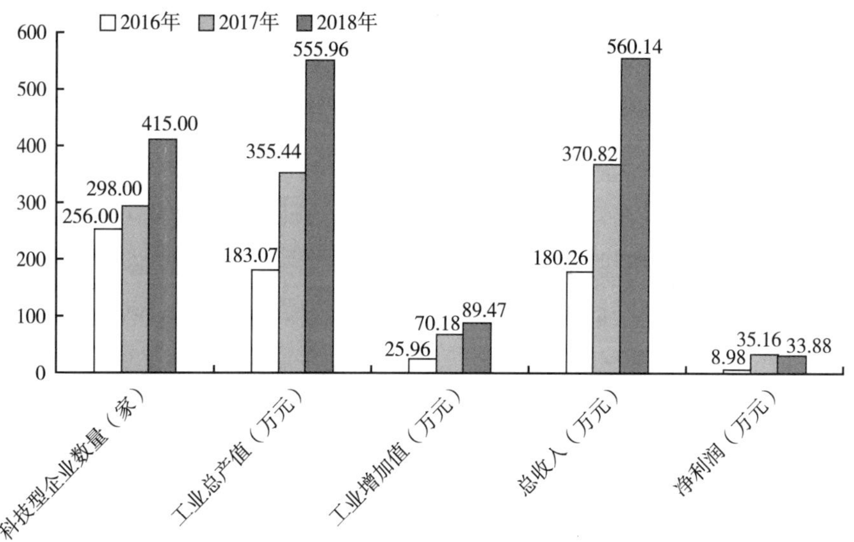

图 19　近三年青海省科技型企业经济总量对比分析

受外部市场供需和产品成本增加的影响，2018 年科技型企业总收入利润率 6.05%，同比下降 3.43 个百分点。

2. 各领域科企经济发展情况

2018 年，青海省 415 家科技型企业涵盖生物与新医药、高技术服务、先进制造与自动化、新材料、新能源与节能、资源与环境、电子信息七大技术领域，其中在：生物与新医药领域 149 家，累计实现营业收入 62.24 亿元，净利润 1.23 亿元，分别占全省科技型企业营业收入和净利润的 11.11%、3.63%；高技术服务领域 89 家，累计实现营业收入 48.77 亿元，净利润 2.96 亿元，分别占全省科技型企业营业收入和净利润的 8.71%、8.73%；新能源与节能领域 34 家，累计实现营业收入 35.63 亿元，净利润 1.2 亿元，分别占全省科技型企业营业收入和净利润的 6.36%、3.54%；先进制造与自动化领域 32 家，累计实现营业收入 10.45 亿元，净利润 0.17 亿元，分别占全省科技型企业营业收入和净利润的 1.87%、0.52%；电子信息领域 50 家，累计实现工业总产值 0.68 亿元，净利润 0.02 亿元，分别占全省科技型企业工业总产值和净利润的 0.33%、0.04%；新材料领域 41 家，累计实现营业收入 156.39 亿元，净利润 -6.87 亿元，分别占全省科技型企业营业收入和净利润的 27.92%、-20.29；资源与环境领域 20 家，累计实现营业收入 244.83 亿元、净利润 35.17 亿元，分别占全省科技型企业营业收入和净利润的 43.71%、103.83%。

通过数据可以分析，在资源与环境、新能源与节能、生物与新医药领域内科技型企业工业总产值占科技型企业工业产值总量的近 61.18%，特色优势产业依然是助推经济发展的核心力量。

（三）科技型企业科技投入及产出情况

1. 科技型企业科技投入情况

（1）按科技活动人员投入分析，2018 年科技型企业年末从业人员 5.72 万人，同比增长 23.28%；其中科技人员 1.35 万人，同比增长 40.63%。

分析企业科技活动人员构成，2018 年全省科企从业人员中博士 211 人，占从业人员的 0.37%；硕士 951 人，占从业人员的 1.66%；本科 16627 人，

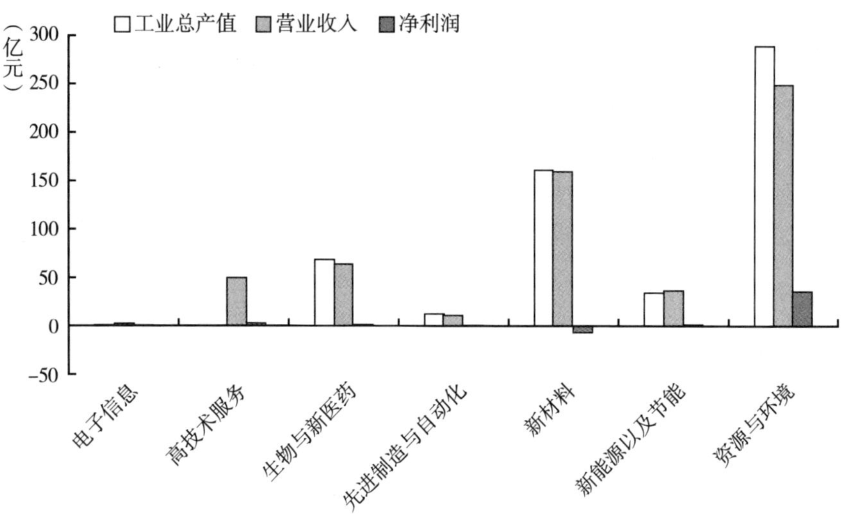

图 20　2018 年各领域科企经济发展情况

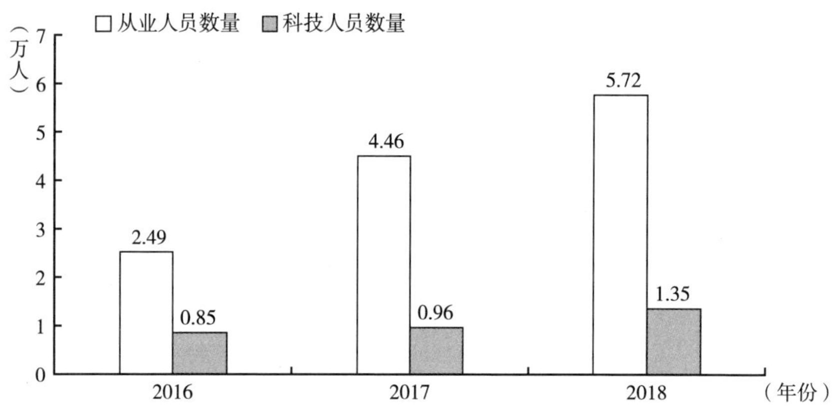

图 21　近三年科技型企业科技人员数量对比

占从业人员的 29.03%；大专 15975 人，占从业人员的 27.89%，其他 23510 人，占从业人员 41.05%。科技型企业高端人才占比仍然偏低，人才依然是制约企业发展的短板之一，中高端技术人才储备有待进一步提高。

（2）按研发投入情况分析，2018 年科技型企业研发经费内部支出 19.27 亿元，同比增长 61.12%，占当年销售收入的 3.44%。随着市场竞争

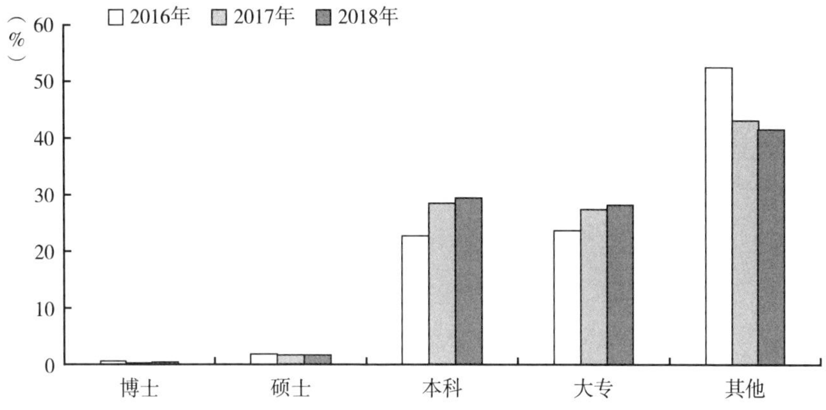

图 22　近三年科技型企业从业人员占比情况

力的不断增强，企业对科技创新的认知程度越来越高，高质量的发展离不开企业高水平的研发能力和研发水平，离不开企业对研发投入的不断增加。

图 23　近三年科技型企业科技投入情况

2. 科技型企业科技产出情况

（1）按年新增知识产权情况分析，2018 年科技型企业新增（当年授权）知识产权 626 项，同比增长 29.88%。其中发明专利 29 项，同比下滑 67.42%；实用新型专利 473 项，同比增长 78.49%；外观设计专利 16 项，同比下降 52.94%；软件著作权 108 项，同比增长 14.89%。

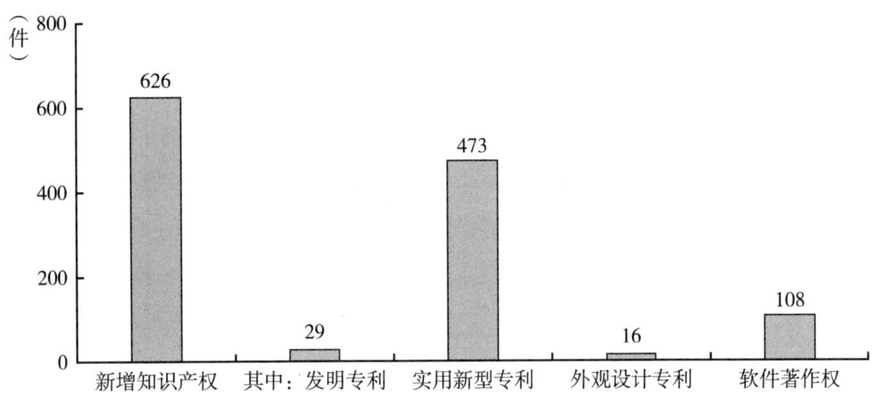

图 24　2018 年青海省科技型企业新增知识产权情况

（2）从创新平台建设情况来看，2018 年青海省科技型企业拥有省级工程技术研究中心 31 家，同比增长 14.81%，占科技型企业总数的 7.47%。其中：生物与新医药领域 8 家，占 25.81%；高技术服务领域 6 家，占 19.35%；新能源与节能领域 4 家，占 12.9%；先进制造领域 2 家，占 6.45%；新材料领域 6 家，占 19.35%；资源与环境领域 5 家，占 16.13%。

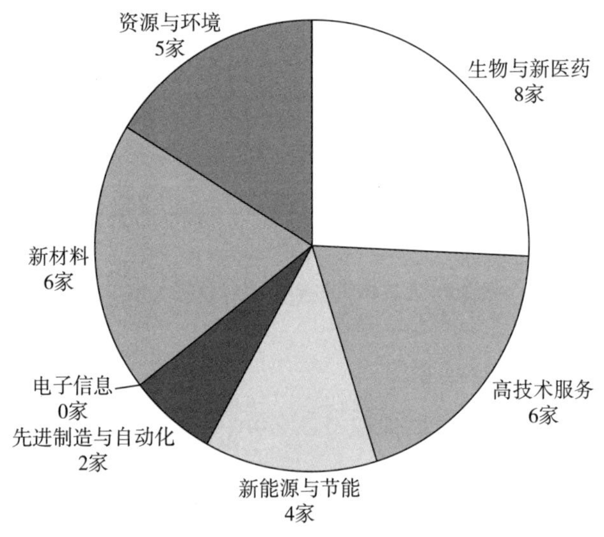

图 25　2018 年 31 家科技型企业拥有工程技术中心领域分布

随着企业科技创新意识的不断增强，企业研发投入的不断提高，企业研发人员不断研发出企业的核心技术，企业的核心竞争力不断提升。核心技术提高了企业产品的市场竞争力和企业的经济效益。科技引领产业发展，科技型企业、高新技术企业作为科技创新的坚实力量在推动经济发展过程中发挥着重要的作用。

三　2019年高新技术企业发展前景展望

（一）政策环境不断优化，政策红利持续发力

配合国家高新技术企业优惠政策的实施，进一步推进青海省高新技术企业的发展，近年来青海省制定出台了《青海省高新技术企业和科技型企业“双倍增”及科技小巨人企业培育计划实施方案》，通过对新认定高新技术企业进行奖励、支持科技型企业和高新技术企业承担省级科技项目、对科技型企业和高新技术企业按照研发费用加计扣除免税额的10%给予奖励等一系列措施，鼓励企业加大科技创新活动。2018年9月，财政部、国家税务总局、科技部三部委联合出文，将企业科技研发费用加计扣除比例提高至75%，为进一步激励企业加大研发投入，强化科技创新提供了强有力的政策支撑。落实到青海省，伴随全省绿色经济、数字经济发展的大背景，锂电、新能源、新材料、盐湖化工、电子信息等一批企业将在利好政策的推动下，有望通过科技创新成长壮大起来。

（二）高效培育服务模式，全面推进实施

2019年青海省将继续把培育和服务高新技术企业、科技型企业、科技小巨人企业作为重点来抓。一是明确培育服务内容。进一步加大科技型企业和高新技术企业培育力度，将“一般型企业－科技型企业－高新技术企业－科技小巨人企业”的梯级培育模式予以贯彻；关注培育企业发展动态、技术需求及发展瓶颈，坚持“一企一策”精准培育服务，强化企业政策宣讲、

专利辅导、融资对接、技术引进，助推企业成长壮大；鼓励企业产学研结合，提升科技创新能力，加快科技成果转化，鼓励企业引进消化吸收再创新，掌握更多自主知识产权的核心技术应用于生产，逐步从“学习者”转变为“创新者”，提高企业经济效益。二是侧重培育发展主阵地。依托两市六州和各类园区，以青海国家高新区、西宁经济技术开发区、柴达木循环经济试验区和海东工业园区为重点，作为全省高新技术企业增长的主阵地，把培育高新技术企业纳入当地重点工作任务。三是强化联动机制助力。充分发挥省市州、园区的科技服务职能，大力宣传科技型企业、高新技术企业政策，协助企业解决发展难题，上下合力助推培育工作的长效发展。

（三）企业发展机遇与挑战并存

受地域环境、经济发展等大背景的影响，2019 年青海省高新技术企业、科技型企业在受政府政策红利激励的同时，也将面临巨大的市场挑战。一方面，相比于国内发达省份，青海省高新技术企业、科技型企业数量少，规模小，发展高新技术产业的力量相对较弱；另一方面，企业整体研发水平不高，高精尖人才短缺，制约了企业向高端发展的步伐和速度；再则，地区企业以传统劳动密集型企业为主，以产业链上游企业居多，产业技术层次相对较低，企业受市场竞争压力较大，企业产品的利润和附加值不高。

（四）把握机遇，迎接挑战，追求高质量发展

在市场大环境下，如何利用青海省丰富的矿产、生物、环境等优势资源引进技术引入人才，解决企业发展技术瓶颈，实现地区企业全产业链纵深高效发展，提高经济增长点，将是青海省高新技术企业发展中需要突破的一个重要环节。2019 年青海省高新技术企业、科技型企业应以国家、地方政府对企业科技创新的大力倡导和政策引领，以全省经济由高速发展向高质量发展、绿色发展为契机，转变发展方式，调整产业机构，突出企业科技创新、人才培养力度，为企业实现产业结构转型升级，高质量发展奠定基础，为全省高新技术企业、科技型企业倍增计划稳步推进提供有力保障。

G.8

2018年青海农业农村科技发展报告*

摘　要： 按照2018年中央一号文件精神，坚持党管农村工作，坚持农业农村优先发展，坚持农民主体地位，坚持乡村全面振兴，坚持城乡融合发展，坚持人与自然和谐共生，坚持因地制宜、循序渐进等七个基本原则，把农业科技创新摆在更加突出的位置，以实施“1020”科技支撑工程、科技扶贫为总抓手，统筹推进科学研究、基地建设、人才队伍一体化发展，打造农业科技战略力量，各项工作取得了突出成效。

关键词： “1020”科技支撑工程　科技扶贫　青海省

2018年，青海省农业农村科技工作以习近平总书记关于科技创新的重要论述为指导，全面落实“四个扎扎实实”重大要求，深入实施“五四战略”。根据《青海省贯彻〈国家创新驱动发展战略纲要〉实施方案》和《青海省“十三五”科技创新规划》以及《青海省科技扶贫专项方案》确定的目标和任务，以“1020”生态农牧业重大科技支撑工程为重点，以各级农业科技园区为平台，着力推进农牧业科技成果转化。

一　深入实施“1020”科技支撑工程，打好特色农牧业发展牌

2012年实施“1020”生态农牧业重大科技支撑工程以来，青海省科技

* 课题组成员：孙传范、王荔华、苗希春、杨军、常丽娜。

部门紧密围绕全省油菜、马铃薯、牛羊肉、饲草料等十大特色产业链发展，大力引进农牧业新品种、新技术以及规模化高效生产栽培技术，大幅度提高了全省农牧业新品种、新技术的覆盖率和机械化应用水平。2018 年，针对高原特色农牧业产业提升、农产品高值加工、精准扶贫等方面，重点支持了高原现代种业生产、生态循环农牧业发展、农畜产品精深加工、农牧业标准化生产与智能化管理技术示范、家畜疫病防控等“1020”科技支撑工程项目 29 项，资助经费 9050 万元，2018 年资助 5900 万元。截至 2018 年年底，青海省科技部门共安排实施“1020”工程科技项目 240 项，已完成并通过验收 121 项，实现产值 28.57 亿元，获得科技成果 78 项，技术标准 96 项，专利 42 件，论文 130 篇，培养专业人才 327 名。“1020”工程的不断推进，进一步加速了青海省农牧业科技成果的转化应用，促进了高原特色农牧业生产提质增效。

（一）科技支撑生态畜牧业可持续发展

一是针对青海省现代生态畜牧业发展的关键瓶颈问题，围绕青海省五种不同典型生态区现代牧业发展需求，启动实施“青藏高原现代牧场技术研发与模式示范”重大科技专项，项目通过优质饲草供给和精准利用、家畜养殖与畜产品精深加工、草畜生产和溯源全程数据采集、现代牧场资源管理与经营体系研发等技术示范，预期研发制定现代牧场资源管理与经营体系技术模式，构建草畜生产和畜产品溯源全程信息化监测系统和牧场环境检测系统，依据区域化需求进行技术集成和模式示范，打造三江源有机牧场、湟水河智慧牧场、祁连山生态牧场、青海湖体验牧场、柴达木绿洲牧场等五个特色鲜明和代表性强的科技示范牧场，分别体现不同牧场生态、有机、智慧、体验、绿洲的典型特色，最终形成可在青海省乃至青藏高原复制与推广的现代牧场模式，推动建立高原现代畜牧业发展和现代牧场体系。

二是围绕高寒地区草地畜牧业生产与生态环境保护之间均衡发展的重大科学问题，启动实施“海北州高寒地生态畜牧业大数据管理平台与关键技术集成示范”重大专项，通过建立草地畜牧业智能管理数学模型，解决多源数据的融合分析及其服务于畜牧业生产的利用技术，创建基于草地动态信息获取基础上的畜牧业生产动态管理大数据平台，为政府、生产者和消费者提供相关服务。

三是通过北斗卫星在农牧生产中的应用示范，将4G、GIS、RS应用于高寒草地畜牧业中，初步建立了天地合一的天然牧草采集、监测系统，并应用于高寒草地畜牧业生产；建立了基于北斗的草地自动监测站和北斗生态畜牧业数据服务平台，为海晏县开展三级划区轮牧提供了指导；建成了4800亩轮牧试验示范区、牧草自动采集数据站12座和北斗落地指挥站1座，完成了基于北斗卫星信息系统的通信网络布控；研发“牧民通”北斗手持终端，制定了北斗卫星指导下的放牧方案，通过北斗短报文双向通信功能，向牧民播发游牧路线、草场动态、疫病防疫等信息1500余条，申请发明专利4件，获得科技成果1项，项目区草场利用率提高10%以上，大幅提升了青海省农牧业科学生产管理水平，对确保牧业安全生产，维护高原草场生态平衡，促进生态畜牧业健康发展具有重要意义，并为下一步探索珍稀野生动植物保护，自然生态环境监测及草原防火等领域奠定了基础。

四是青藏高原牧草种质资源保护与利用取得重大突破，选育出具有自主知识产权的多年生牧草新品种6个、一年生饲草品种8个，筛选出适合青藏高原海拔3000～4000米种植的多年生种质材料，并研究制定一系列标准化生产配套技术，牧草新品种已在全省及西藏、四川、甘肃等省区大面积种植并推广应用。另外，围绕生态型牧草开展了草地早熟禾、冷地早熟禾、高原梭罗草、扁穗冰草、同德无芒披碱草等草种的繁育与示范工作，并在三江源退化草地恢复治理、人工饲草地建植中进行了推广应用。同时，利用禾（黑饲麦、燕麦）豆（箭筈豌豆）混播及微生物菌剂、青贮等关键技术及综合生产配套技术的推广应用，带动了全省草产业快速发展。如“黑饲麦+箭筈豌豆混播”种植模式使青干草粗蛋白提高到9.83%，全混合日粮（TMR）技术饲草利用率提升了38.25%。在海南州贵南县建植人工草地25万亩，人工草地干草平均产量达450～520千克/亩，生产优质牧草6.2万吨、加工各类草产品8.5万吨。

五是以柴达木肉牛新品种培育为核心，以牦牛、黄牛、安格斯牛为基础，结合饲草综合利用、肉牛繁殖育肥、屠宰加工等先进技术，创制了涵盖牦牛、柴达木黄牛、安格斯肉牛基因的三元杂交牛群体新材料，建立了柴达木肉牛产业化技术集成与示范，建成了从初生犊牛到育肥出栏、屠宰加工、冷链运输等环节的肉源追溯体系，开发新产品36个。同时，通过人工授精、牛犊早期断奶、补饲、疾病防治等技术示范，牦牛、犏牛的受胎率及牛犊成活率均有所提高。另外，通过进一步制定、提升、优化和完善柴达木肉牛生产中的饲养管理技术规范（标准）、最佳饲料配方、繁殖技术规范（标准），有效提高母牛的受胎率和牛犊的繁殖成活率，使柴达木肉牛产业逐步走向规模化、规范化、标准化的产业发展道路。

六是为有效提升牦牛、藏羊高效养殖水平，立项支持“牦牛提质增效技术集成与产业化示范”、“牦牛品种选育及提高生产性能技术集成与示范”及“藏羊良种繁育及人工授精技术示范”等重大科技专项，通过TMR全混日粮、舍饲育肥、人工授精、牛羊良种核心群选育等技术应用，在放牧加补饲条件下实现了藏系母羊“两年三胎”和牦牛“一年一胎”的目标，羔羊成活率达到99.27%，牦牛成活率达到65%。

七是为填补了我国生物灭鼠毒剂的空白，通过“D型肉毒毒素水剂、冻干剂、颗粒剂产业化示范”、“微囊化D型肉毒毒素灭鼠剂中试与应用示范”等科技计划项目的实施，在D型肉毒水剂的基础上相继研制成功了D型肉毒冻干剂、颗粒剂等新剂型，获得专利1件、省部级成果7项，通过高效生物灭鼠剂——D型肉毒素水剂、冻干剂、颗粒剂三种剂型的研制和推广，制定并发布了三种剂型防治高原鼠兔和高原田鼠的技术规程，累计防治草地鼠害面积3.453亿亩，平均灭效达90%以上，可挽回经济损失12.89亿元。

（二）科技推动高原特色农业结构调整

一是为贯彻落实《青海省国土绿化提速三年行动计划（2018～2020年）》，启动实施“三江源区高海拔城镇造林绿化关键技术研发与示范”重大科技专项，重点开展三江源高海拔地区城镇绿化树种引种驯化、苗木筛选、种苗繁育、栽植和养护关键技术集成与示范，构建技术研发-推广应用-规模示范“三位一体”的城镇造林绿化技术体系。项目目前已开展高寒乡土树种的繁育及示范造林技术推广，进行了金露梅、银露梅、中国沙棘、乌柳、藏柳、匙叶小檗、花叶海棠、祁连圆柏、青海云杉等高寒乡土树种的种苗繁育，共计繁育各类苗木1260万株。同时，针对青南地区的高寒环境，结合天然林保护、三江源生态保护与修复、公路和通道绿化、新农村绿化等林业工程建设，在气候相对温和的林区、城镇及道路周边，开展了人工造林，总结和积累了成功的技术及经验。通过该项目实施，可有效解决三江源区高海拔城镇区域适生树种稀缺、人工栽植难以成活等城镇造林绿化方面的关键问题，形成三江源区高海拔城镇造林绿化模式，为青藏高原高海拔地区的城镇绿化提供技术支撑和示范样板。截至目前，已收集高海拔生境种质资源16份，采集野生植物繁殖材料（种子）2000克，布设样地14块（个），采集土样13个，并进行了物理性质和营养成分分析，拍摄植物生长发育照片共计1200余幅，为项目的试验研究奠定了基础。

二是结合油菜、青稞、马铃薯、蔬菜等特色优势作物种业发展需求，实施“青海省高原特色农作物现代种业创新体系建设”重大专项，根据现代种业“育繁推”全产业链的技术内容，通过制（繁）种技术研究和种子加工配套技术的应用等集成技术体系，形成了一批立足青海、服务全国的标准化、规模化、集约化、机械化的高原优势种子生产基地，提升青海省高原特色农作物现代种业发展水平。截至目前，已在青海东部农业区和海南州以及甘肃省部分地区累计建设制（繁）种基地3.45万亩，形成直接产值6000万元以上。以项目为载体、权益分配为纽带的“育繁推一体化”现代种业科技创新模式累计推广示范农田22.9万亩，形成产值7.3亿元，带动辐射区农民增收8000万元以上。

三是围绕马铃薯种业发展，通过选育出青薯9号、青薯2号等优良新品种，建立脱毒马铃薯种薯繁育体系和种薯繁育基地20余万亩，使脱毒种薯应用率达到87%，并结合全膜双垄等技术，实现了马铃薯生产良种良法的结合。如以青薯9号为主的马铃薯良种，平均亩产达到2600公斤，并创下亩产5620公斤的高产纪录，由于高产抗病的特性，其通过了农业部国家农作物品种审定委员会审定，成为青海省主推马铃薯品种，目前已推广到宁夏、甘肃、四川、云南等14个省区，年推广种植面积达800余万亩，实现新增产值20亿元以上。

四是在油菜产业方面，培育出青杂9号、青杂12号、青杂15号等中晚熟抗倒伏、抗病高产高含油量新型春油菜杂交种，在青海、甘肃、新疆、内蒙古、山西、河北等北方春油菜区大面积推广种植。以青杂7号、青杂4号为代表的特早熟甘蓝型杂交油菜在青海、甘肃、四川等海拔3000米区域推广种植替代了当地白菜型油菜，优质甘蓝型油菜种植区域海拔提升了200米，优质油菜种植面积进一步扩大，单产提高20%～40%，且油菜品质得到根本性改善。青杂系列杂交油菜在全国北方春油菜区年推广面积超过400万亩，占甘蓝型春油菜总面积的80%以上，种植区农民年新增收约4亿元。

五是在青稞产业方面，“昆仑15号”高产田创制示范在三江源区和柴达木灌区产量均超过千斤，“昆仑14号”高产田创制示范在以门源为代表的高寒青稞区的产量达400公斤以上，远高于该县240公斤/亩的平均产量，并在西藏、新疆和甘肃推广种植，并逐步成为当地优势主导品种。在满足粮用青稞的基础上，同步提高了秸秆产量，为高寒农牧交错区畜牧业提供了补饲饲料，促进了青稞产业的农牧结合水平，减轻了天然草场的放牧压力，促进了高寒区生态建设。

六是在蔬菜产业方面，围绕自主选育的青甘1号、青椒4号、青葫1号等蔬菜新品种开展了制种与高效栽培技术体系研发，首次在高海拔地区实现了早熟结球甘蓝越冬苗培育、甘蓝、辣（甜）椒和西葫芦标准化制种技术应用，累计建成制种基地468亩，繁殖良种29746千克，建立了良种良法标准化高效生产技术体系，在青海省内9个县区30余个基地进行示范推广，累计面积5300亩，促进了全省蔬菜产业升级。

七是枸杞方面，在枸杞种质资源、良种培育、良种扩繁、高效栽培、生物防控、功能研究与评价、产品研发等技术领域取得了丰硕的科研成果，解决了多项青海枸杞产业发展中存在的重大问题和核心技术，有效推动了青海枸杞产业的提质增效和转型升级，截至2018年底，全省枸杞种植面积发展到68万亩，产值达百亿元。青海枸杞以有机和绿色发展为突破口，打造了具有高原特色的产业发展模式，从规模化种植逐渐走向精细化、标准化、高效化，在第一产业快速发展的同时，加快了农业“接二连三”的产业融合。

二 发挥科技引领支撑作用，扎实推进脱贫攻坚

青海省科技部门高度重视科技扶贫工作，2018年组织召开扶贫专题会议7次，研究行业扶贫和定点帮扶工作。在深入实施科技信息支撑、科技人才支撑、产业技术支撑、科技扶贫示范四大科技扶贫行动的同时，不断强化联点帮扶工作。

（一）继续实施信息支撑行动

不断完善和推广青海省农村信息化综合服务平台，构建了“专家—科技特派员—农户”三位一体的青海省农村信息化主动服务模式。根据科技特派员和农户的实际需求，开发了青海省农村信息化主动服务手机微信端和“青海省农牧区信息化综合服务平台”手机App，农户在手机上即可随时查询所有服务信息内容，并可发布供求信息、问题咨询等。依托科技特派员和167名新农村研究院签约专家资源，已实现服务覆盖海东和西宁两区四县104个乡镇、1796个行政村、27.29万农户、265.39万亩耕地。通过提前预测、提前预判，根据订制履历开展精准科技服务，实现了与农资、保险等部门及中国社会扶贫网的对接。

（二）做好科技人才支撑行动

充分发挥和调动青海省各级科技特派员和科技人员服务基层的积极性，积极构建新型贫困地区科技人才服务体系。重点依托“三区”科技人员专

项和科技特派员服务脱贫攻坚，为贫困地区提供科技服务支撑。2018 年已选派科技特派员和“三区”人才 1574 名，争取国家财政经费 1854 万元，省级配套 146 万元。全年科技人员服务覆盖 37 个贫困县的 353 个贫困村，服务企业、合作社等机构 294 家，创办领办企业、合作社 16 家，引进新品种、新技术 100 个，举办各类培训班 500 期，培训农牧民 10520 人次。同时为提升“三区”人才科技服务能力，分别在陕西杨凌和青海西宁举办两期“三区三州”深度贫困地区创业扶贫带头人培训班，累计培训 185 人次。

（三）做好产业技术支撑行动

重点围绕油菜、马铃薯、蚕豆、果蔬、中藏药材、牦牛、藏羊、乳制品、冷水鱼、饲草十大高原特色农牧业产业，加大科技支撑力度，示范推广一批新品种，集成转化一批新技术新成果，加强新品种和新技术推广、病虫害综合防治、农产品加工等先进适用技术成果的应用。2018 年启动实施科技扶贫产业化项目 11 个，资助经费 2960 万元，辐射带动 12 个贫困县，项目涉及贫困户 3740 户，预期贫困户户均年收入提高到 2100 元以上；认定扶贫产业化科技示范基地 18 个，辐射带动 22 个贫困县，涉及贫困户 3156 户，预期贫困户户均年收入提高 1300 元以上。

（四）做好科技扶贫示范行动

在民和县结合精准扶贫搭建本地化的电子商务平台，对贫困村开展电商扶贫。截至 2018 年底，已建成 1 个县电商服务中心、22 个乡镇电商服务站，乡镇电商覆盖率达 100%；建成 143 个村级电商服务点，行政村电商覆盖率达 46%。已初步形成了县有电商服务中心、乡镇有电商服务站、村有电商服务点三级电商科技服务体系。同时，在继续做好 10 个科技扶贫示范村的基础上，在新民乡的徐家庄村、若多村开展百合种植，在硖门镇的硖门村、阳坡村开展农产品加工示范，不断强化贫困地区造血机能。

（五）强化联点帮扶工作

按照青海省委、省政府对脱贫攻坚工作的总体安排，不断完善贫困村联点、党组织结对共建帮村和党员干部结对认亲帮户等工作机制，强化驻村帮扶工作队力量，不断推进青海科技部门定点扶贫工作。根据青海省委统一部署，对三个联点贫困村的驻村干部进行了调整，调整3人，重新选派4人。目前青海科技部门联点帮扶的海西州乌兰县茶卡镇巴音村已实现脱贫摘帽，海东市互助县南门峡镇却藏寺村即将完成国检评估后脱贫摘帽，果洛州达日县特合土乡夏曲村将于2019年实现脱贫摘帽。

（六）总结经验，明确下一步工作思路

为贯彻落实《中共中央国务院关于打赢脱贫攻坚战三年行动的指导意见》和《中共青海省委青海省人民政府关于打赢脱贫攻坚战三年行动的实施意见》，充分发挥科技创新对青海省打赢脱贫攻坚战三年行动的支撑和引领作用，在总结科技扶贫“四大”行动经验的基础上，起草制定了《青海省科技助力脱贫攻坚三年行动计划实施方案（2018～2020年）》。

三　创新工作举措，推进农业科技园区建设

（一）推进农业科技园区建设

目前，青海省共有5个国家级农业科技园区，38个省级农业科技园区，已建成核心区面积24万亩，产值达到165亿元。为进一步提升农业科技园区的科技引导与产业集聚水平，更好地发挥示范带动作用，促进区域农村经济社会发展，2018年对全省38个省级农业科技园区进行了绩效评估，形成《青海省农业科技园区创新能力评价报告》，同时，按照2017年修订的《青海省农业科技园区管理办法》规定，对评价结果前10名的省级农业科技园

区给予100万元资金奖励，主要用于园区基础平台建设，提升园区技术应用推广与示范能力建设。

（二）加强星创天地建设

青海省立足地方农业主导产业、区域特色产业已建成17家国家星创天地。星创天地以农业科技园区、科技特派员创业基地、科技型农民专业合作社等为载体，面向大学生、农业科技特派员、返乡农民工、科研人员、家庭农场主及中小微农业企业、专业合作社等创新创业主体，提供科技创新、成果转化、产业创意、产品创新、市场营销、人才培训等“一站式”综合科技服务平台。围绕东部特色蔬菜基础建设和种苗繁育，依托海东国家农业科技园区，重点打造培育了乐都农业科技园区、七彩农牧、黄河彩篮等星创天地；围绕枸杞等浆果产业和绿洲农业发展，重点培育了诺木洪、云鑫生态养殖等星创天地；围绕都市农业和休闲农业的发展，重点培育了高原绿、葛源、思得、高原逍遥花田、春源畜牧、大美奶业等星创天地；围绕高原生态畜牧业发展和生态环境保护工程的实施，大力促进牛羊健康养殖、现代草业发展、畜产品精深加工等，重点培育了三江源草业、金银滩等星创天地。星创天地共发展孵化培育创新创业企业和新型农业经营主体100家以上，聚集各类科技创新创业人才1000人以上，培养农业农村科技创业带头人1000名以上。

四　围绕构建乡村振兴科技支撑体系，为全面实施乡村振兴战略提供科技支撑

为认真贯彻《中共中央、国务院关于实施乡村振兴战略的意见》和《青海省委、青海省人民政府关于推动乡村振兴战略的实施意见》精神，加快落实中央农村工作会议、青海省第十三次党代会和省“两会”的工作部署，制定了《科技支撑乡村振兴战略实施方案》。围绕青海省乡村振兴战略实施人才保障，在各市州举办各类培训班7期，累计培训445人次。为农牧区乡村振兴提供示范样板，启动了“青藏高原现代牧场技术研发与模式示

范”重大科技专项，着力构建具有青藏高原特色的现代牧场经营模式与技术体系。围绕东部农村田园综合体建设，启动实施了“新型大跨度大棚的引进研制和配套生产技术集成与示范”项目，引进新型大跨度双层保温大棚，研制适应于青海东部地区蔬菜产业发展需求和适应高原生态气候特征的新型农业设施，并研制集水肥一体化技术、高密度栽培技术、环境调控技术和机械化栽培于一体的设施蔬菜生产技术体系。

五 加强基层科技工作，提升县域科技创新能力

（一）加强顶层设计，推进县域创新驱动发展

为加快构建多层次、多元化县域创新创业工作格局，促进县域创新驱动发展，推动全省实现以县域创新驱动发展为基础的全面创新，青海省在贯彻《国家创新驱动发展战略纲要》实施方案等相关创新驱动政策措施的基础上，经过深入调查研究，制定了《省政府办公厅关于推动县域创新驱动发展的实施意见》（以下简称《实施意见》）。《实施意见》包括4大部分共11条，围绕总体要求和目标，提出了县域产业发展转型升级、特色农牧业品牌建设、促进成果转移转化、激发各类人才的创新创业活力、加强创新载体建设、营造创新创业环境、加强科学技术普及和助力精准扶贫等8项主要任务，同时从组织领导、加大支持和评价监测方面提出了3项保障措施。

（二）设立创新试点县建设专项，支撑县域经济社会发展

立足县域经济社会发展基础条件、发展定位、资源禀赋和人才储备，精准施策，因地制宜，以差异化发展突出产业特色、区域优势和功能定位，通过设立县域创新驱动专项，强化县域科技服务体系，支撑县域经济社会发展，助力乡村振兴。2018年会同省财政厅首批启动了乐都区、乌兰县、祁连县、河南县、甘德县五个县域创新试点县建设工作，每个县（区）当年资助科技经费300万元，共计1500万元。同时在2018年底开展年度绩效考

评，对考评合格的县（区），财政科技资金连续三年继续滚动支持。2018年，根据科技部《关于印发〈创新型县（市）建设工作指引〉的通知》的精神，海西州乌兰县入选全国首批创新型县（市）建设名单。

（三）开展厅州会商，建立推进基层科技发展合作机制

为贯彻落实青海省委十三届四次全会精神，进一步了解和掌握基层科技工作情况和需求，积极推动“一优两高”战略部署，更好地发挥科技创新支撑地方经济社会发展的作用，坚持面向基层、重心下移，加强对基层科技工作的指导与支持，前往全省七个市州进行科技工作调研，研究把握基层科技工作面临的新形势、新问题，把基层科技工作作为推动青海省科技工作的切入点和有力抓手，统筹全省科技资源支持基层科技创新，助力县域创新工作和乡村振兴战略实施。同时以地方党委和政府关注的重大科技需求为导向，与州市双方共同协商，联手推动地方经济社会快速发展，开启新一轮厅州会商工作，目前已经与黄南、果洛、海西州签订了厅州会商工作议定书，就推进基层科技创新发展建立合作机制。

六　农业农村科技发展未来展望

（一）深入实施乡村振兴战略

贯彻落实青海省委“一优两高”战略部署和《青海省乡村振兴战略规划（2018～2020年）》，围绕制约乡村振兴的关键问题，加强科技供给，开展科技创新示范，强化科技成果的转移转化，用科技创新充实乡村规划与建设、清洁能源供给、生态环境有效治理、特色产业发展、高效公共服务的解决方案，努力为广大农牧民创造更加美好的生活。

（二）强化脱贫攻坚科技支撑

贯彻落实《中共中央国务院关于打赢脱贫攻坚战三年行动的指导意见》

和《中共青海省委青海省人民政府关于打赢脱贫攻坚战三年行动的实施意见》，聚焦“精准”二字，以产业创新发展为目标，以先进适用科技成果转化应用和科技人才支撑为重点，进一步深入实施四大科技扶贫行动，不断强化扶贫产业化项目实施和产业化科技示范基地建设，提升贫困地区尤其是深度贫困地区的造血机能，为青海省打赢精准脱贫攻坚战，同步进入小康社会提供有效科技支撑。

（三）加强县域科技创新工作

贯彻落实国务院《关于县域创新驱动发展的若干意见》（国办发〔2017〕43号）和青海省政府办公厅《关于推动县域创新驱动发展的实施意见》（青政办〔2018〕6号），进一步加强县域科技创新工作，以县域创新试点县建设为抓手，以各级农业科技园区发展和脱贫工作为重点，以“三区”科技人才和科技特派员为依托，不断加大对基层科技工作的支持力度，加强先进适用科技成果在县域的示范力度，以科技创新支撑引领县域经济社会高质量发展，不断提升县域科技创新能力。

（四）着力打好特色农牧业发展牌

深入贯彻落实青海省委十三届四次全委会精神，围绕《青海省“十三五”科技创新规划》，继续深化农牧业科技供给侧结构性改革，不断提升农牧业科技创新能力，持续推进农牧业由增产导向转向提质导向。以“四个百亿元”产业高质量发展为重点，重点抓好种质资源保护与开发利用、藏羊高效养殖、牦牛提纯复壮、牛羊标准化养殖、饲草料加工储存利用、动植物病虫害防控、中高端农畜产品精深开发、现代农业装备示范、特色林产品资源培育、仓储物流等一批实用技术研发、示范和推广，以科技创新引领高原特色农牧业发展方式转变，促进农牧区一、二、三产业融合发展。

G.9

2018年青海科技支撑社会发展报告*

摘　要： 2018年，青海省社会发展科技工作以资源环境、生物医药、公共安全、社会管理为重点方向，聚力解决生态、生物医药、防灾减灾、民生改善等领域关键科技问题，取得丰硕成果。三江源国家公园研究院、高原科学与可持续发展研究院相继成立，6个省级临床医学研究中心初步建成，成立“青藏高原生物科技集成创新中心”，实现青海省生态、经济和社会效益全面提升。

关键词： 社会发展　科技支撑　生态文明　生物医药　青海省

2018年，青海社会发展科技突出重点，强化创新，在生态文明建设、生物产业发展、民生发展等各领域取得了一系列突破性成果，为社会事业发展提供了有效的科技支撑。

一　青海社会发展科技支撑工作总体态势

三江源国家公园体制试点科技支撑稳步推进。三江源国家公园研究院、高原科学与可持续发展研究院相继成立，6个省级临床医学研究中心初步建成；编制完成了《青海省海南藏族自治州可持续发展规划（2018～2030年）》和《青海省海南藏族自治州国家可持续发展议程创

* 课题组成员：张超远、马瑞、赵以莲、张燕、杨广智、赵晓辉。

新示范区建设方案（2018～2021年）》，为三江源地区、祁连山地区、柴达木盆地、湟水流域生态文明建设提供了科技支撑；解决了柴达木盆地南北缘干旱浅覆盖区火山岩型铅锌矿床、岩浆热液－石英脉型钨矿床和构造蚀变岩型金矿床有效找矿方法的“瓶颈”问题；成立了“青藏高原生物科技集成创新中心”，开展中藏药材资源规范化栽培、仿制药一致性评价、功能食品开发、高活性成分提取等研究；建立了多个药材品种的种苗标准化繁育技术规程，建立规模化生产高品质枸杞技术新体系，解决了柴达木枸杞干果的农药残留、黏结和氧化变质变色的生产技术难题和产品品相缺乏市场竞争力的实际问题，实现了柴达木枸杞品质品相双优目标。

加强包虫病诊断创新、药物筛选和疫苗研制。建立的包虫病综合防控技术体系，收治包虫病患者2150人次，治愈541人次，多项技术填补了青海省包虫病治疗空白；建设青藏高原原住族群和两代以上迁居族群的人类遗传资源样本库，实现了与中国人类遗传资源样本库信息管理平台的共享互联，有效控制遗传病、重大疾病，为健康中国发展提供重要支撑；进一步提升青海省山洪、雪灾、干旱等灾害的监测、预警能力，及时、快速、有效地推送雪灾预警信息发布，实现雪灾网格化动态的时空精细预测预警及应急信息的主动推送服务，为雪情监测提供直接应用技术，促进牧业区防灾抗灾能力的提升，为三江源生态畜牧业发展提供有力支撑；实施西宁智慧交通，促进了西宁市交通运行效率、交通指挥决策能力和居民交通出行满意度的提升。

全年社会发展领域获批国家重点研发计划项目、中央引导地方计划项目等国家科研项目15项，累计获得科研经费5587.41万元；省级科技计划项目立项39项，总投资7.82亿元，专项资助9420万元。

（一）社会发展科技领域各研究方向取得较好发展

2018年，青海社会发展领域在资源环境、医疗卫生、生物医药、公共安全和社会管理五个重要方向开展科技创新工作，取得了较好发展。

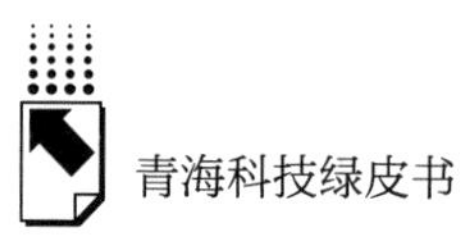

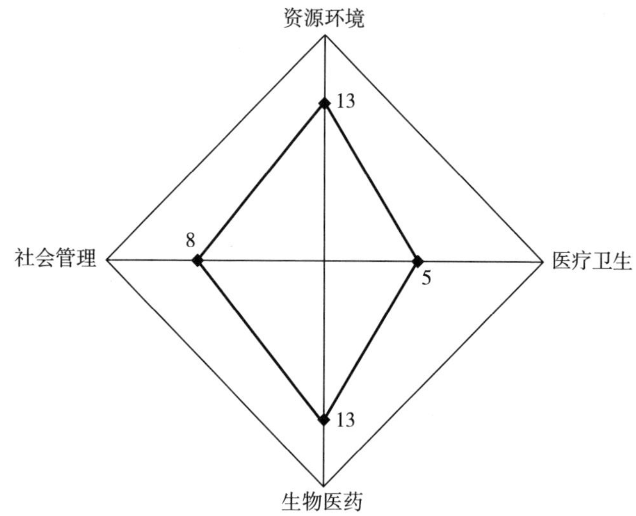

图1　2018年青海省社会发展领域科技计划项目经费（项）分布

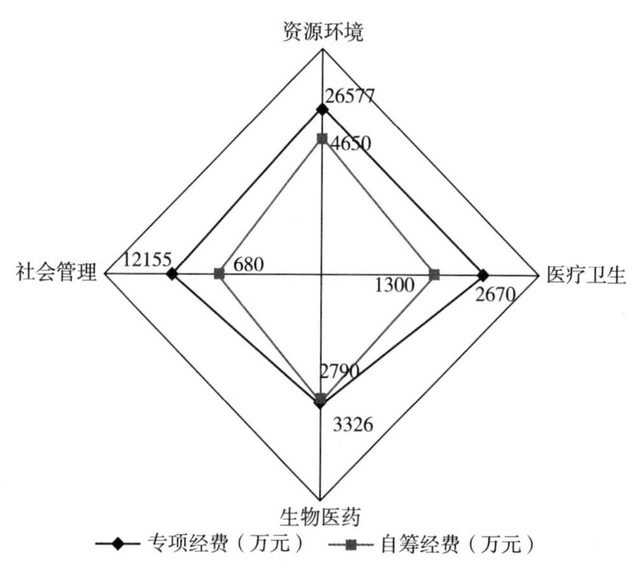

图2　2018年青海省社发领域科技计划项目经费（万元）分布示意

一是科研实力逐步增强，研发团队及研发人员紧跟国内科研趋势，部分研究方向研发能力国内领先。2018年在三江源生态保护、盐湖大宗废弃物循环利用、水资源高效开发利用、泛第三极环境变化与绿色丝绸之路建设、

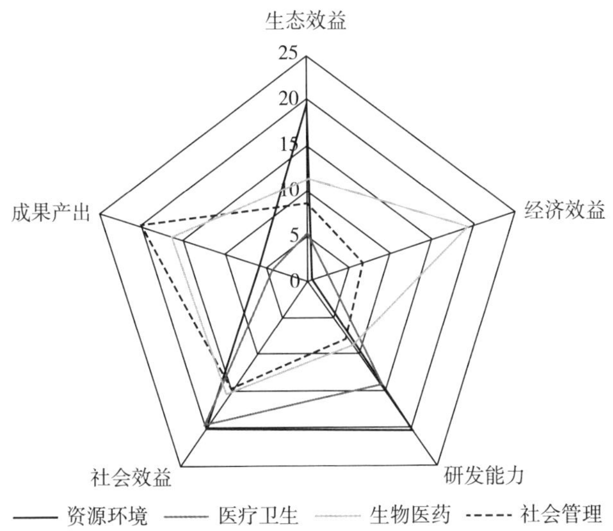

图3　2018 年青海省社发领域主要科技产出对比

民族药新品种研发、重大自然灾害监测预警与防范等方向争取国家科研项目支持 15 项，争取国家专项经费 5897. 41 万元。

二是重点支持了一批影响力大、知名度高、与社会发展和人民生活息息相关的重点项目。建设 6 个省级临床医学研究中心，提升基层医疗临床医学诊治能力和防治水平，为青海省临床医学科技发展、基层群众医疗健康服务提供有力支撑。

三是进行中藏药材资源规范化栽培研究、仿制药一致性评价、新资源食品申报研究、功能食品开发研究，高活性成分提取研究等。通过集成已有的科技成果，加强生物医药产业发展的关键技术的突破。完成白刺新食品资源申报前期基础研究并申报相关材料，为青海省特色生物资源的深层次开发利用和市场准入提供技术及资质储备。

四是为城市安全和防灾减灾工作提供科技支撑。以超前预测、主动预警、综合防治事故灾害为重点，聚焦城市生产安全事故防范、监测预警，为提前预防安全事故的发生提供技术支撑，实现城市安全管理的系统化和智能化。

（二）为生态保护优先提供科技支撑

1. 积极全面参与第二次青藏高原科考

青海省高度重视第二次青藏高原科考工作，及时组织省内相关部门负责人及长期从事青藏科技创新工作的科学家共 30 余人，召开专题座谈会学习领会习近平总书记对第二次青藏高原综合科学考察研究重要指示精神，并按照科技部要求，提出第二次青藏高原综合科学考察研究具体需求和意见建议。在科技部牵头组织专家和相关单位、省区领导召开的《第二次青藏高原综合科学考察研究项目实施方案》论证会上，明确了科考 10 大任务、5 个综合区和 19 个关键区，分 5 年进行，拟安排经费 43.58 亿元；提出了第二次青藏科考国家领导小组建议名单，青海省为副组长成员单位。目前，已确定在青的中央科研院所和青海省相关科研单位主持 4 个科考分队，青海省全面介入了第二次青藏高原科考工作。

2. 主动共建省院（校）高水平创新平台

（1）成立中国科学院三江源国家公园研究院。为全力推进全省生态文明建设，支撑三江源国家公园体制机制试点。在中国科学院和科技部的支持下，青海省与中国科学院签署了共建“中国科学院三江源国家公园研究院”协议，省委书记王建军、中科院院长白春礼出席并做重要讲话。9 月 14 日，中国科学院三江源国家公园研究院揭牌仪式及第一届理事会在西宁举行，省委书记王建军、中国科学院副院长张亚平共同揭牌。省委副书记、代省长刘宁，张亚平分别致词。随后中国科学院三江源国家公园研究院第一届专家咨询委员会在西宁组建，并举行第一次会议，标志着省院科技合作迈上新台阶，研究院工作已步入实质性运作，三江源国家公园体制试点向科技建园、开放建园、智慧建园迈出了重要一步。

（2）成立高原科学与可持续发展研究院。由青海省人民政府与北京师范大学共建的“高原科学与可持续发展研究院”在北京师范大学挂牌成立。高原科学与可持续发展研究院将力求协调整合国内涉及高原研究的多方资源与力量，瞄准国家与青海省的重大战略需求和现实目标，依托青藏高原丰富的地理、生态、人文资源优势，围绕经济建设、政治建设、文化建设、社会建设、生态文明建设等国家“五大建设”，在高原教育领域、历史文化领域、资源与环境领域、生物资源领域、健康领域、防灾减灾领域等涵盖高原科学的各领域开展全面的科学与技术开发研究，着力构建涵盖政府、学术机构与企业等的高层次、高水平协同研究体系。该研究院的成立既契合了国家重大发展战略对科技创新的迫切需求，又为高校服务区域经济社会发展搭建了良好平台。

3. 全力推进国家可持续发展议程创新示范区创建工作

为贯彻《中国落实2030年可持续发展议程创新示范区建设方案》精神，按照省委、省政府要求，将青海省海南藏族自治州创建国家可持续发展创新示范区列为年度工作重点，针对高原生态环境保护与生态产业协调发展之间的瓶颈问题，认真谋划，稳步推进。协调海南州政府成立领导小组，制定印发推进方案，成立规划、方案编写组，进行多次讨论，并赴北京与科技部领导专家进行专题咨询，进一步听取了科技部和中科院等相关专家意见建议。围绕示范区创建要求和青海实际，积极组织，编制完成了《青海省海南藏族自治州可持续发展规划（2018～2030年）》和《青海省海南藏族自治州国家可持续发展议程创新示范区建设方案（2018～2021年）》，广泛征询了省州相关部门的意见建议，组织了州、省两次专家论证，召开了由科技部组织的3次“国家可持续发展议程创新示范区创建工作推进会”，根据专家和领导意见修改完善了10余稿。明确创新示范区战略定位、发展目标、重点举措。形成了建设高原生态保护与治理样板区，支撑发展生态畜牧业、新型清洁能源、生态文化旅游为主的绿色产业，构建青藏高原乃至全球同类区域可持续发展创新体系，打造国际知名的绿色有机畜产品基地、绿色产业聚集发展先行区，为区域生态保护和可持续发展提供示范样板和典型经验的总思路。

4. 积极组队参加全国沙产业创新创业大赛

在科技部的指导下，10月15日，由内蒙古、宁夏、甘肃、新疆、青海、陕西六省（自治区）科技厅和内蒙古阿拉善盟行政公署联合主办的第

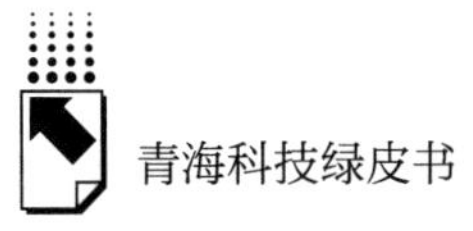

二届全国沙产业创新创业大赛在内蒙古阿拉善盟巴彦浩特举办。大赛以“科技创新，成就大业”为主题，来自全国14个省市的290个企业和团队报名参赛。青海省组织8个团队参赛。经初赛、复赛和决赛，青海省农林科学院生态研究中心参赛项目“种植植物活沙障+菊芋综合治沙暨沙产业技术”获三等奖，青海省水资源高效利用工程技术研究中心与省化工设计研究院有限公司联合队、源鑫堂团队、青海绿大生态治沙有限公司团队、凡秘能特种糖业有限公司团队获“双创之星”称号。

5. 为三江源地区生态文明建设提供科技支撑

2018年，国家发改委下达三江源生态保护与建设二期工程科研与推广项目5项，总投资1800万元，依据《三江源生态保护与建设二期工程招投标管理办法》，共有19家单位投标，经专家组评审、招标领导小组审定，确定中科院西北高原生物研究所等5个单位中标。通过这批项目的实施，将为三江源区防沙治沙、退化草地修复、用能体系建设以及三江源地区生态需水量和生态用水“红线”等方面提供技术支撑。通过实施《沙生草种大颖草繁育与适应性研究》，种植大颖草原种繁殖田200亩，良种田800亩，建植示范区1200亩。沙生草种大颖草草种已通过国家草品种区域试验评审，并于2018年在内蒙古、四川、甘肃、青海四地开展丰产性和适应性试验研究。由于青海省科技厅在三江源生态保护和建设工程中工作突出，年度专项目标考核为优秀。

6. 为祁连山退化草地恢复提供科技支撑

针对祁连山区草地退化严重及利用不合理的现状，首次进行了适合祁连山区的黑土滩（坡）人工植被重建技术的研究与示范，恢复黑土滩示范面积共35000亩，退化草地恢复示范地植被盖度达82%～89%，将三江源取得的黑土滩分类治理技术和免耕补播技术在祁连山区进行了进一步熟化和示范应用，春季休牧对不同类型草地植被恢复效果的试验示范得到科技部认可。同时，建立一个具有长效机制的祁连山高寒草地生态实验站，作为祁连山草地生态保护与建设技术研发和示范推广中心。编制了《黑土坡植被恢复与重建技术规范》，发展生态草业，实现生态生产共赢。

7. 为柴达木盆地水循环高效利用提供科技支撑

针对柴达木盆地低温、干旱、少雨、风大的高原大陆性气候，使得该区水资源短缺、生态系统脆弱，生态环境问题日益突出，严重制约该区社会－生态－经济的协调发展的状况，以水资源高效利用为核心，从水资源监测评价、水资源高效利用、水资源优化配置等方面开展技术研究，构建盆地水资源系统模拟模型，解析盆地水循环通量，研制天然生态系统耗水有效性评估与调控技术理论与方法，评估自然生态系统和人类用水有效性，发挥流域水资源的整体功能，形成工业－农业－生态系统协调发展、经济持续增长的水资源有效开发利用新模式，促进水文地理和生态学的发展，集成发展基于水循环的盐湖卤水补充技术、灌区精准灌溉技术并开展示范，绘制柴达木盆地水生态文明路线图，提出柴达木盆地生态经济社会可持续发展的水资源综合利用模式，为柴达木盆地经济、产业与生态环境的可持续发展提供技术支撑。

8. 为湟水流域水土气生态监测和防治开展示范

开展湟水流域水－气－土一体化环境管理体系及污染控制关键技术集成，重点攻克污水处理厂提标技术难点、形成非点源污染管控最优集成方案，在环境空气方面建立高分辨率大气污染物排放清单，探究大气污染成因，构建区域大气污染物最优控制方案，强化科技手段在线监管监控的应用，并建立高效管控示范基地，实现湟水流域环境管理的精细化、系统化、信息化、高效化，为全省乃至我国西部地区环境保护与经济可持续发展提供技术集成与示范。

（三）为推动高质量发展提供科技支撑

1. 推动生物产业创新发展

开展中藏药材资源规范化栽培研究、仿制药一致性评价、功能食品开发，高活性成分提取等研究，通过集成已有的科技成果，加强生物医药产业发展的关键技术的突破。大宗药材种苗种子繁育基地建设初见成效，建立多个药材品种的种苗标准化繁育技术规程。建立规模化生产高品质枸杞技术新体系，解决了柴达木枸杞干果的农药残留、黏结和氧化变质变色的生产技术难题和产品品相缺乏市场竞争力的实际问题，实现柴达木枸杞品质品相双优目标。继续加强“梓淳片”药物临床试验。成立“青藏高原生物科技集成创新中心”，中心建成2268平方米研发及中试实验平台，主要开展生物医药关键技术研究与产品开发，为生物医药企业提供技术支持、产品研发、成果转化、高层次人才培养和咨询服务等工作，促进青海省生物医药产业良性发展，提供专家、技术、人才、产品等生物医药科技资源与企业互动对接的交流平台，实现生物领域科技成果与企业的直接对接和高效转化。该中心目前已服务企业13家，研发的茯藏珍品茶珍产品已正式发布上市。

2. 助推矿产资源深度勘探和开发

柴达木盆地南北缘成矿系统与勘查开发示范，确定了南华纪－中生代主要地质事件与成矿作用的关系，建立柴达木盆地南北缘铁、铜、铅锌、金等金属矿床成矿模式和找矿模型，新增铜铅锌资源量310万吨，金资源量40吨，铁矿石资源量6900万吨，锰矿石资源量220万吨，石墨资源量167万吨，银资源量500吨，解决了柴达木盆地南北缘干旱浅覆盖区火山岩型铅锌矿床、岩浆热液－石英脉型钨矿床和构造蚀变岩型金矿床有效找矿方法的“瓶颈”问题，显著提高了铜、金、银综合回收率，新增产值1.02亿元，科技成果达到国际领先水平。青海高原（五龙沟地区）难处理金矿采选冶工艺技术集成与示范，通过引进国内先进的采矿工艺和方法，不断优化药剂制度和工艺条件来提高浮选回收率，由此增加的企业效益占年度总利润的20%左右，被列入柴达木循环经济试验区和青海省黄金产业园区重点企业。同时企业坚持“矿山开发绝不以牺牲环境、浪费资源为代价换取一时的经济增长”理念，大力实施矿区绿化，建立了“坝内筑坝”、“多点小流量，干滩护坝”的尾矿库运行和管理模式，实现了生产用水的“零污染，零排放”，获得“省级绿色矿山”称号，是国家级绿色矿业发展示范区的核心企业，在全省乃至全国具有典型的引领和示范意义。

（四）为创造高品质生活提供科技支撑

1. 积极促进省级临床研究中心建设发展

为进一步加强青海省医学科技创新体系建设，打造临床医学和转化研究高地，提升全省临床医学研究水平，青海省科技厅、省卫健委等部门根据《青海省临床医学研究中心暂行管理办法》，针对青海省包虫病、高原病、肿瘤、风湿、儿童健康、医学检验等主要疾病领域和临床专科布局，在各单位推荐申报的基础上，经形式审查和专家综合评审等程序，正式确认青海省包虫病临床医学研究中心、青海省高原病临床医学研究中心、青海省肿瘤临床医学研究中心、青海省风湿病临床医学研究中心、青海省儿童健康与疾病临床医学研究中心、青海省医学检验临床医学研究中心6个中心为青海省第一批省级临床医学研究中心；并积极推进将包虫病、高原病临床医学研究中心纳入省部会商议题，请求国家支持青海建设临床医学研究中心和分中心，提升基层医疗临床医学诊治能力和防治水平，为临床医学科技发展、基层群众医疗健康服务提供有力支撑。

2. 加强人类遗传资源样本库建设

青海省组织申报的“青藏高原人类遗传资源样本库建设”项目列入国家重点研发计划，中央财政专项资助2736万元。项目由青海大学牵头，联合西藏大学、西藏民族大学、中国科学院动物研究所、复旦大学、哈尔滨工业大学等6家单位共同实施，旨在建设青藏高原原住族群和两代以上迁居族群的人类遗传资源样本库，实现了与中国人类遗传资源样本库信息管理平台的共享互联，有效控制遗传病、重大疾病，为健康中国发展提供重要支撑。4月12日，项目启动会在青海大学召开，中国生物技术发展中心孙燕荣副主任、中国科学院动物研究所所长周琪院士和国家相关专家出席会议。

3. 包虫病防控技术研究示范取得积极进展

包虫病在牧区俗称“虫癌”，危害性大、传播范围广。国家和青海省委、省政府高度重视牧区包虫病防控工作，不断加强包虫病临床诊疗创新技术工作,完成了包虫病患者 71 例微波射频治疗，178 例精准肝切除手术,基层技术成果推广治疗 354 例，同时大力加强包虫病诊断创新、药物筛选和疫苗研制。建立的包虫病综合防控技术体系，收治包虫病患者 2150 人次，治愈 541 人次，多项技术填补了青海省包虫病治疗空白。积极开发远程超声智能诊断系统，努力提高基层患者诊断率，提升基层服务能力和效率。目前示范区犬带科绦虫感染率从防治前的 34.4%降低到 4.9%，包虫病感染率大幅下降，泡型包虫病诊疗技术水平大幅提升。

4. 造血干细胞移植技术取得了成功

通过青海省重大技术支撑项目“造血干细胞移植技术在青海儿童重大恶性血液疾病治疗中的应用研究”实施，系统掌握了造血干细胞采集、移植技术，并在青海成功实施了 4 例高危白血病和重型再障异基因造血干细胞移植手术，移植后的患儿健康恢复良好，无任何排异现象，解决了儿童血液重大疾病中的技术难点问题，培养了一支年轻的造血干细胞团队，填补了青海省异基因造血干细胞治疗史上的空白，提高了医学技术支撑能力。

5. 自制球囊治疗严重产后大出血技术在基层得到推广应用

在青海省科技支撑计划支持下，完成的“自制球囊治疗严重产后大出血的推广应用研究”项目，通过对产后大出血患者的失血量的评估方法研究，制定了适合高原地区产后出血的治疗流程，治疗产后大出血患者 181 例，自制球囊技术在海南州等 32 个基层地区的医疗机构进行了推广应用，培训了基层医护人员 800 余人，有效降低了因产后宫缩乏力出血而导致的孕产妇死亡率。

（五）为推进城市安全提供科技支撑

以超前预测、主动预警、综合防治事故灾害为重点，聚焦城市生产安全事故防范、监测预警，选取工业厂矿较多，天然气、电缆等管道密集的德令哈市作为试点城市，应用事故场景遥测技术，事故溯源与重构等技术，实现城市管线和危险源的信息化和可视化，并进行动态监测，为提前预防安全事故的发生提供技术支撑，实现城市安全管理的系统化和智能化。

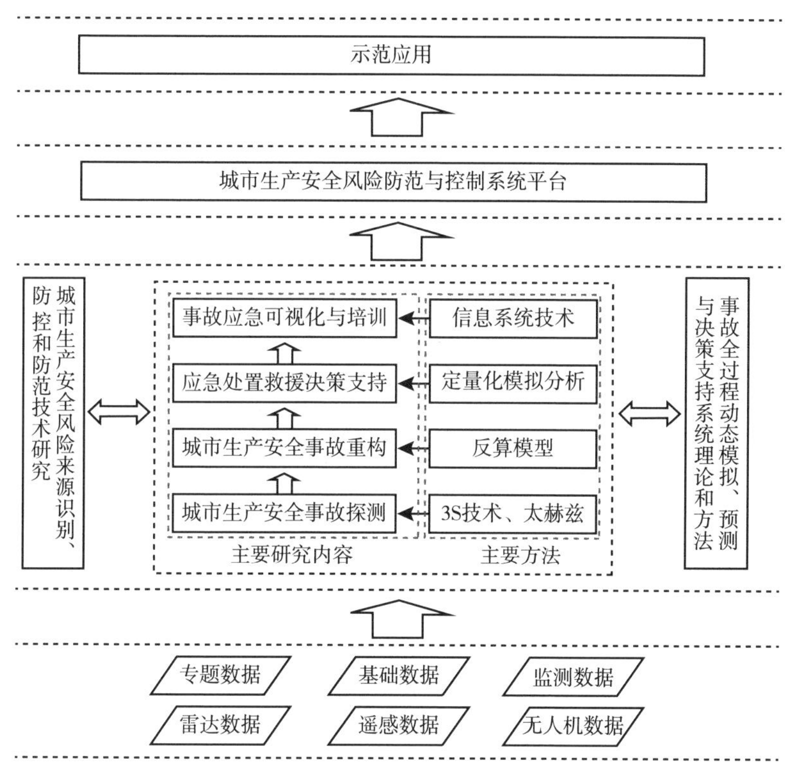

图4　城市安全管理系统

（六）为防灾减灾工作提供科技支撑

为进一步提升青海省山洪、雪灾、干旱等灾害的监测、预警能力，及时、快速、有效的推送雪灾预警发布信息，组织省气象科学研究所等单位共同实施《青海省重大气象灾害智能格点化防控技术提升与示范》、《青海雪灾精细化监测预警及应急联动机制技术的集成研究》等项目，转化原有的青海省干旱、雪灾、山洪等重大气象灾害的监测、评估、预警技术成果，实现雪灾网格化动态的时空精细预测预警及应急信息的主动推送服务，形成具有连续、动态发布雪灾预警信息的业务服务能力，可为雪情监测提供直接应用技术，促进牧业区防灾抗灾能力的提升，为三江源生态畜牧业发展提供有力支撑。

加强生态气候观测站网建设，重视应对气候变化基础研究，引进国内外

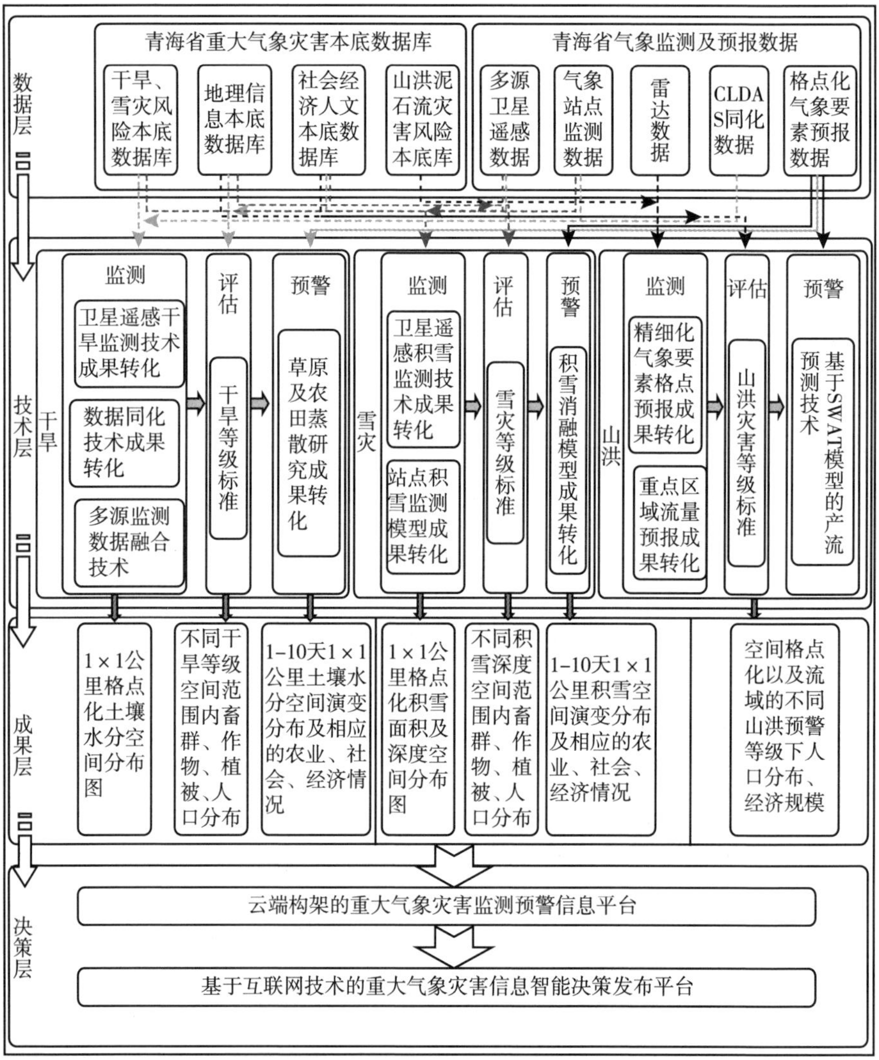

数据层
青海省重大气象灾害本底数据库
干旱、雪灾风险本底数据库
地理信息本底数据库
社会经济人文本底数据库
山洪泥石流灾害风险本底库
青海省气象监测及预报数据
多源卫星遥感数据
气象站点监测数据
雷达数据
CLDAS同化数据
格点化气象要素预报数据
技术层
干旱
监测
卫星遥感干旱监测技术成果转化
数据同化技术成果转化
多源监测数据融合技术
评估
干旱等级标准
预警
草原及农田蒸散研究成果转化
雪灾
监测
卫星遥感积雪监测技术成果转化
站点积雪监测模型成果转化
评估
雪灾等级标准
预警
积雪消融模型成果转化
山洪
监测
精细化气象要素格点预报成果转化
重点区域流量预报成果转化
评估
山洪灾害等级标准
预警
基于SWAT模型的产流预测技术
成果层
1×1公里格点化土壤水分空间分布图
不同干旱等级空间范围内畜群、作物、植被、人口分布
1-10天1×1公里土壤水分空间演变分布及相应的农业、社会、经济情况
1×1公里格点化积雪面积及深度空间分布图
不同积雪深度空间范围内畜群、作物、植被、人口分布
1-10天1×1公里积雪空间演变分布及相应的农业、社会、经济情况
空间格点化以及流域的不同山洪预警等级下人口分布、经济规模
决策层
云端构架的重大气象灾害监测预警信息平台
基于互联网技术的重大气象灾害信息智能决策发布平台

图5　雪灾预警发布系统

高水平研究团队，开展青藏高原气候变化、全球变化及水资源、人类活动等研究工作，努力打造生态气象保障服务示范省建设。

（七）为西宁交通运行提供科技支撑

通过实施西宁智慧交通关键技术研究与示范项目，促进了西宁市交通运行效率提升，全路网的交通拥堵指数由2016年的3.66下降到2018年3月的2.78，促进了公交线网的优化，支撑了交通指挥决策能力提升，促进交通出行的满意度提升。

二　2019年社会发展科技创新发展面临的形势及展望

据青海省“十三五”科技创新发展规划、国家及青海省对社会发展科技创新任务的分工要求，围绕生态环境、资源保护开发、生物医药、人口健康、公共安全、文化社会事业发展等领域需求，着力构建生态环保、现代生物、高原医疗卫生与食品安全、“互联网+”等技术体系，构建先进实用、自主可控、适合青海省社会发展科技创新发展的科技体系。

（一）着力于生态环境质量改善

生态环境的保护与建设着眼于协调区域性自然资源开发与生态环境保护之间的矛盾，整体协调提升生态环境质量和生态服务功能。重点研究生态系统动态监测、水土流失防控、脆弱生态修复技术，大气复合污染形成机理、燃煤烟气污染物超低排放、挥发性有机物净化等大气污染防治技术，饮用水健康风险控制、中水回用、污染水体治理等水污染防治技术，污染土壤修复与风险控制、垃圾处理与废弃物资源化、危险废物处理处置，以及有毒有害化学品风险防控、新型污染物防治等技术，构建适合青海省情的区域生态环境质量改善技术系统，继而培育和发展环保产业。

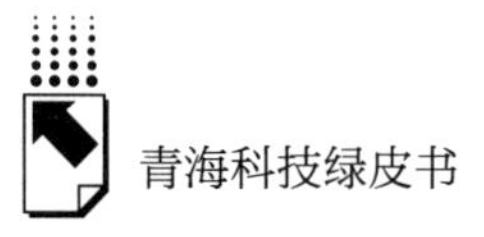

（二）着力于资源高效开发与循环利用

重点研发绿色勘察、高效开发和节约利用技术。在水资源综合利用、矿产资源绿色勘察、金属资源高效开发等方面，集中突破一批基础理论与关键核心技术，构建资源勘探、开发与综合利用理论技术体系；针对青海省内水资源、矿产资源特点，研发具有自主知识产权的资源开发利用核心技术。

（三）着力于全球气候变化应对

完善应对青海高原气候变化的科技支撑体系，开展应对气候变化的基础科学研究，研发不同生态系统碳减排增汇技术，优化筛选未来气候变化影响评估、风险预估、减缓与适应等关键技术；开展应对气候变化的战略研究和气候变化效应评估。为推动经济可持续转型、实现绿色低碳发展和参与碳贸易等提供有力的科技支撑。

（四）着力于重大自然灾害监测预警与防范

针对青海省易发重大地震灾害、地质灾害、极端气象灾害、旱涝灾害中的综合监测预警与防范关键科学问题，通过内引外联二次创新，突破重大自然灾害发生演化及成灾机理、监测预测预警及应急处置、综合防治区划等核心技术，服务区域重大自然灾害防、抗、救科学决策。研制具有自主知识产权的重大自然灾害监测预警装备，提升重大自然灾害仪器装备产业化和信息服务产品化的能力，基本形成单灾种和多灾种相结合的多尺度分层次重大自然灾害风险综合防控科技支撑能力，服务于青海省雪灾、干旱、地震等重大自然灾害的防、抗、救科学决策。

（五）着力于生物科学与技术

重点部署特色生物资源原材料保障体系建设、特色生物资源开发利用、新药创制及特色医疗器械研发、高原医疗卫生健康支撑、科技创新平台建设等技术的创新突破和应用发展，提高生物技术原创水平，力争在若干领域取得重大突破，推动技术转化应用并服务于经济社会发展，大幅提高生物经济国内竞争力，到 2020 年，实现生物技术整体并跑、部分领跑。

（六）着力于医疗健康

围绕健康中国建设需求，以提升全民健康水平为目标，系统加强生物数据、临床信息、样本资源的整合，开展创新性和集成性研究，加快推动医学科技发展。重点部署创新药物开发、特色医疗器械研发、中藏药研究等任务，加强疾病防治技术普及推广和临床新技术新产品转化应用，发展精准医学。争取到 2020 年，提高青海省的医疗服务供给质量、加快健康产业发展，为健康中国建设提供坚实的科技支撑。

G.10
2018年青海科技合作与交流报告*

摘　要：　2018年，青海省科技合作与交流工作从青海实际出发，以需求为导向，积极开展国际科技合作、省院合作、科技援青和科技招商，贯彻中央要求，体现青海特色，深化交流，拓展更多合作，助力解决区域发展不平衡，技术、人才稀缺的问题，促进更多的科技成果在青转化落地，支撑青海“一优两高”战略目标的实现。

关键词：　国际合作　省院合作　科技援青　招商引资　青海省

2018年，青海科技合作与交流工作紧紧围绕青海科技创新、经济和社会发展需求，深入学习贯彻党的十九大精神，全面落实青海省十三次党代会和十三届三次、四次全会精神和工作部署，以国际科技合作交流、省院科技合作、科技援青、招商引资等重点工作为主要抓手，履职尽责，攻坚克难，全面推进科技合作工作创新发展。

一是加强国际科技合作交流。组织实施国际科技合作项目13项，总经费879万元，资助经费453万元，开展核心关键技术的联合攻关；组织青海省31名高中生、老师和科技管理干部访日开展交流工作。

二是积极开展省院科技合作。组织实施10项“西部之光”人才培养计划，完成2项2014年度“西部之光”入选者终期评估工作；联合中科院大学成功举办1期“一带一路”和国际科技合作培训班，培养青海省各州

---

* 课题组成员：孙传范、李广强、焦士元、颜有奎、阿克瑛。

（市）科技管理干部30人；协调组织5名科学家参加了中科院举办的“科技人员野外工作技能”培训班。

三是统筹开展科技援青工作。协调组织赴山西、安徽、浙江、山东、甘肃、宁夏、云南等省开展科技援青学习调研，对接科技需求，衔接科技援青项目，新签订科技援青合作协议3项，协调联合组织实施科技援青专项14项（其中援青省市立项7项），科技投入1694万元，资助经费874万元，依托科技援青项目的实施，吸引省外专家30余人赴青海开展科研工作，帮助培养各类科技人才400余人，转化技术、成果20项以上，更加有效地推进科技援青工作创新发展。

四是全力以赴完成2018年“青洽会”重点分工任务。邀请中国工程院院士在开幕式做主旨演讲；成功举办“三江源生态保护科技创新”学术论坛，协办了“中国（青海）锂产业及动力电池国际高峰论坛”及“环湖电动汽车挑战赛”。

五是积极开展招商引资工作。签约招商引资项目4项，签约金额8.1亿元，完成年度招商引资到位资金3.12亿元。组团参加首届国际进口博览会，签署采购意向1.5亿元。

六是开展外事与交流工作。办理出国团组3批次7人次、临时赴台团组1批次5人次，审核推荐中日青少年科技交流计划地方结对项目6项。

一　不断深化国际科技合作交流

（一）组织实施国际科技合作专项，推动合作取得新成果

一是积极争取国家部委项目支持。2018年，根据科技部科技计划项目指南，征集并推荐政府间国际科技合作重点专项4项，总经费1800万元，申请资助经费1600万元，并通过初审，其中由青海省畜牧兽医科学院与日本科技联委会合作项目“青藏高原野生动物棘球绦虫流行病学调查及防控技术研究”，10月23日通过科技部组织的答辩。

二是完成科技部国际合作司委托验收已到期完成的国合专项。2018 年，4 项国合专项均通过验收，并按要求提交了验收材料。

三是组织实施省级科技计划项目。2018 年，组织实施年度省级科技计划项目 20 项，总经费 2573 万元，资助经费 1057 万元；其中，国际合作项目 13 项，总经费 879 万元，资助经费 453 万元。

（二）推进中日科技合作交流，开展与日本科技振兴机构合作

一是组织高中生赴日学习访问。组织 24 名高中生及 4 名领队于 2018 年 7 月 22 日 ~28 日通过“中日青少年科技交流计划”访问日本，其间，按计划访问了仓敷天城高中、冈山大学、千叶工业大学、高能加速器研究机构 KEK、日本科学未来馆和仓敷美观地区大原美术馆，增强了双方中学生在科技、教育、文化等方面的学习交流。

二是积极开展中日“藏医药 · 汉方医药”合作，推动中日科技交流发展。按照日本科技振兴机构（JST）与青海省藏医药学会协议约定，积极推动每年派遣中方技术人员赴日本进行短期培训，先后向科技部国际合作司推荐 3 项藏医药领域交流项目，顺利通过双方主管部门核准，多名藏医药学青年技术骨干赴日开展技术交流。

（三）拓展国际科技合作渠道，签订科技合作协议

一是青海省科技部门与澳大利亚农业与园艺协会签订《中澳农牧科技合作备忘录》。双方商定未来在农牧、水利领域开展技术合作，引进高效节水灌溉技术、水肥一体化技术、优质牧草种植及繁育技术，从而为进一步调整农业产业结构、转变生产方式，切实实现生态畜牧业与生态环境保护的协调发展，为牧民增收，生产增效起到科技引领与示范作用。

二是青海红十字医院与法国里昂中法学院签订《战略合作框架协议》。双方约定，定期或不定期派送相关人员到对方机构开展学习、进修、学术讲座、科学研究等交流活动，通过网络进行联合座谈会，讨论共同分享的内容和经验等。

三是青海省科技部门促成青海大学藏医学院与日本金泽大学签署合作协议。双方在人员交流、共同举办学术会议、学术信息交流、共同开展项目研究等方面达成了合作意向。

（四）积极推进“一带一路”科技创新合作，申报举办发展中国家培训班，为发展中国家培训急需科技人才

组织申报2019年度发展中国家技术培训班4项，可为发展中国家培训各类人才80人。通过发展中国家培训班项目的实施，加强与“一带一路”沿线国家开展国际合作和学术交流、研讨及互访活动，推动“一带一路”科技创新合作交流。

二 有序开展省院科技合作

2018年，青海省与中国科学院、中国工程院的合作紧紧围绕青海经济社会发展中的科技需求，在联合科研、人才培养、重大需求科技咨询等方面开展了务实高效的工作，全面推进了省院合作协议的实施。

（一）组织实施“西部之光”计划，促进青海创新团队和人才培养

组织推荐“西部之光”地方项目12项，获批10项。已完成的由青海大学唐楠承担的“万寿菊两用系苗期育性鉴定分子标记开发”项目，以青海大学高原花卉研究中心在全国搜集的万寿菊品种/品系资源为材料，建立了万寿菊雄性不育两用系遗传群体、建立并优化了万寿菊RAPD、ISSR、SRAP三种分子标记的PCR扩增反应体系、筛选了与万寿菊雄性不育性状相关的分子标记、对雄性不育相关的分子标记进行转化与利用、通过万寿菊雄性不育两用系育性相关基因cDNA差减文库构建和差异表达研究，挖掘出部分控制万寿菊雄性育性的相关基因，为创造万寿菊雄性不育种质和杂交种选育奠定基础。已完成的由青海省农林科学院沈硕承担的“青稞白酒糟醅窖泥中防治马铃薯窖藏病害的活性菌株及其次级代谢产物的研究”项目，从

青稞酒糟醅窖泥中分离出对马铃薯窖藏病原菌具有较高抑制活性的菌株，通过初步活性追踪，发现活性次级代谢产物部分，并申请了相关发明专利。通过此项研究，一方面实现了“废物利用”，另一方面从新颖的生物样品中发现具有新农业活性的功能性菌株，从而为马铃薯窖藏病害提供新的生物保鲜制剂，为微生物来源的生物防治提供了一种新的途径。

（二）组织开展人才培训，推动“一带一路”建设

联合中国科学院大学于2018年6月7～11日举办“一带一路”与国际科技合作培训班一期，参训科技管理人员30人，通过培训学员了解了“一带一路”的发展历程、目前合作态势等情况，并从科技创新战略和区域部署入手，对青海参与“一带一路”建设的机遇有了较深入的思考。10月15～19日，青海省科技部门选派青海大学、青海民族大学等高校的5位科研人员参加了由中国科学院在昆明举办的“科技人员野外工作技能培训班”，对科技人员掌握野外生存基本知识，提高野外工作技能，保障野外科研任务顺利完成有重要作用。

（三）服务院士开展咨询活动，助力青海创新发展

邀请中国工程院院士郑绵平在2018年“青洽会”主论坛上作了以“创新引领青海盐湖产业发展”为主题的主旨演讲，为青海绿色发展引智把脉。中国工程院董家鸿院士对于10月下旬在西宁召开的第二届国际泡型包虫病论坛、第三届泡型包虫病XUUB多中心合作会议及青海省藏区人畜包虫病综合防诊治专家服务基地培训班提供了大力的支持。

三　统筹推进科技援青工作

科技援青工作认真贯彻习近平总书记关于科技创新以及东西部协调发展重要思想，贯彻落实中共中央国务院《关于建立更加有效的区域协调发展新机制的意见》以及《“十三五”科技援青规划》，紧紧围绕省委、省政府

“一优两高”战略，更加有效地集聚东部省市优势科技资源助推青海科技创新驱动发展，取得显著成效。

（一）国家部委支持推动科技援青工作向高质量发展

重点围绕青海“八大绿色产业体系”主动与国家部委加强协调联系，得到国家部委的大力支持，全年争取国家科技计划项目资助2.5亿元以上，更加有效地推动了青海科技创新能力提升；充分发挥中国科学院、中国工程院的高端智库作用，围绕三江源国家公园建设需求，依托中国科学院西北高原生物研究所建成三江源国家公园研究院，积极推动三江源国家公园建设；同时，省院合作机制在联合攻关、项目支持、人才培训、智库等方面发挥了无可替代的作用。

（二）省委省政府重视推动科技援青工作向纵深发展

省委、省政府高度重视科技援青工作，积极贯彻落实党中央、国务院有关援青工作的重大战略部署，大力实施创新驱动发展战略，主动加强与科技援青省（市）开展科技合作交流，着力将科技援青省（市）优势科技资源和先进实用技术成果在青海转移转化，已经形成了科技援青省（市）倾力援助青海科技发展的良好局面。省党政代表团先后赴天津、北京、山东、浙江、上海、江苏、广东、深圳等省市学习考察，签署合作框架协议，全面推进援青合作工作，助力于创新型青海建设。9月27日，刘宁省长带队拜会科技部，推动青海省科技创新工作。省科技厅厅长莫重明带领班子成员赴科技部汇报工作，建议召开第二次全国科技援青工作座谈会，加强东西部科技创新合作，统筹推进科技援青工作。省科技部门认真梳理近年来科技援青工作进展情况，并组织对“科技支宁”、“科技入滇”、上海张江与甘肃兰白科技创新改革试验区结对合作机制等开展了考察调研，在全省范围内广泛征集科技援青需求300余项，为筹备召开第二次全国科技援青工作座谈会做准备。分别与浙江、江苏对接联系，初步形成了“杭州自主创新示范区与柴达木循环经济试验区”“泰州医药高新技术产业开发区与青海国家高新技术产业开发区"结对帮扶合作意向，作为科技援青工作的主要抓手，促进一批"浙江模式"、"江苏模式"在青海实践，推动青海国家高新技术产业开发区、柴达木循环经济试验区以及"三型"和科技"小巨人"企业迈上创新发展新阶段，推进青海科技创新工作取得新的更大成效。

（三）援青省（市）积极推动科技援青工作良性发展

科技援青省（市）重视援青工作，主动落实科技部等部委联合发布的《"十三五"科技援青规划》，积极开展与青海省的科技合作与交流，组织力量实施科技援青项目，加强技能型人才培训，联合开展技术攻关，促进优秀科技成果、先进实用技术在青转化推广，推进了青海科技事业的创新发展。科技援青省（市）多次赴青海考察调研，检查援青项目开展情况，督促现场解决问题，了解需求，衔接项目，寻找新的合作意向，双方建立了更加坚实地的合作关系。2018 年双方联合组织实施科技援青专项 14 项，投入 1694 万元，资助经费 874 万元，解决了一批核心关键技术，促进一批优秀科技成果、先进实用技术在青落地转化，培养了一批科技创新团队和人才。依托科技援青项目的实施，吸引省外专家 30 余人赴青海开展科研工作，帮助培养各类科技人才 400 余人，转化技术、成果 20 项以上，有效推进了科技援青工作的创新发展。

（四）坚持问题导向主动对接科技需求效果好

省科技部门带队先后赴浙江、上海、山西、安徽、山东等科技援青省（市）学习调研，对接科技需求，签署科技合作协议 3 份，对接各类科技需求 40 余项。推动青海民族大学与浙江工业大学双方在中藏药领域的合作意向，并联合申报国家重点研发项目；分别与山西、安徽两省科技部门建立了科技合作交流机制，促成青海省农林科学院与山西省农业科学院签署了科技合作框架协议；推动青海省畜牧兽医科学院分别与山东省农业科学院、山东畜牧兽医职业学院、山东农业大学建立了科技合作关系，双方共同联合针对海北高原现代农牧业联合开展研发等工作。

四 招商引资工作成效明显

着力把招商引资工作与省院科技合作、东西部科技创新合作、推进“一带一路”建设等工作有机结合，全面开展招商引资，吸引优势科技资源向青海集聚。2018 年签订招商引资项目 4 项，签约资金 8.1 亿元，全年招商引资到位资金 3.12 亿元。同时积极组织参加首届中国国际进口博览会参会工作，共组织大学、科研院所、企业等 10 家单位 23 人参加了首届国际进口博览会，注册采购意向 1.1 亿元，“进博会”期间，组织签署采购意向 1.5 亿元。

（一）统筹安排部署招商引资工作

为了确保招商引资目标任务的全面完成，进一步强化了对招商引资工作的组织领导，明确职责分工，省科技部门制定了 2018 年招商引资工作计划，统筹科技工作与招商引资工作。精心谋划“青洽会”招商引资项目的相关工作，多方面、全方位开展科技招商工作，全面完成了省政府安排的“青洽会”方面的各项科技工作任务。

（二）精准开展招商引资工作

借助科技援青机制，通过援受双方政府科技部门的合作渠道，推进双方产业、技术、人才优势和资源优势的结合，推进符合青海产业政策的相关产业转移，并将招商引资与科技援青、推进“一带一路”建设等工作有机结合，开展精准招商，完成招商引资签约目标任务。

一是光储一体化新能源汽车充电基础设施项目，投资规模 1.5 亿元，计划在青海省内高速公路、工商业园区、旅游景区、政府机关等地投资建设集光伏发电、储能、电动汽车充电桩在内的基础设施。

二是热氢化升级改造高效冷氢化技术项目，投资规模 2.5 亿元，计划建设 1 套 TCS 年产能达 12 万吨的高效、大型流化床冷氢化装置；新建精馏塔

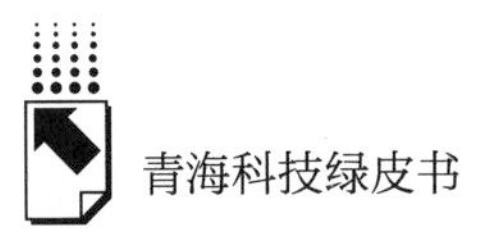

(含填料)、塔内件、仪表、阀门等设备，完成对企业现有精馏提纯系统的升级改造；配套新增1套高效冷氢化系统DCS智能集散控制系统。

三是高纯多晶硅智能生产关键技术研究应用项目，投资规模1.1亿元，计划搭建DCS集散控制系统、企业资源计划系统（ERP)，建立全新多晶硅生产管控模式，实现企业的精细化管理及智能化制造；新增8台大型加压还原炉、精馏塔等核心设备，建设1条年产能3000吨高纯多晶硅智能生产线。

四是德令哈50MW塔式太阳能热发电示范项目，投资规模3亿元，计划完成50MW项目吸热塔土建施工，机电安装，完成镜场设备采购安装；完成配套厂房等附属设施建设安装。

（三）举办“三江源生态保护科技创新”学术论坛

6月27日，“三江源生态保护科技创新”学术论坛在西宁举行。会议特邀新西兰林肯大学3名专家参加论坛，论坛主要围绕三江源生态保护的相关科学问题和草地营养流及可持续生产等方面开展了学术交流，重点就三江源生态保护与适宜性牧草选育、三江源区草畜平衡理论与对策、中国－新西兰高山草地营养流及可持续生产作了交流报告；青海省畜牧兽医科学院、青海大学农牧学院、三江源国家公园管理局等单位的专家学者结合自身研究领域及从事工作，就多个科学问题同与会者进行了交流。

（四）组织参加首届进口博览会

顺利完成了首届中国国际进口博览会青海交易团科技分团采购组团参会工作。其间，制定了青海交易团科技分团采购工作方案，针对进口商品采购活动进行了督查和指导。共组织协调10余家科研院所、创新平台、企业组团参加了采购活动，签署采购意向资金达1.5亿元。

五　2019年科技合作与交流发展展望

认真贯彻习近平总书记关于科技创新及东西部协调发展的重要思想，贯彻落实《中共中央国务院关于建立更加有效的区域协调发展新机制的意见》，贯彻落实对口支援工作的战略部署以及科学技术部、中国科学院、中国工程院、国家自然科学基金委员会和青海省人民政府联合印发的《“十三五”科技援青规划》；积极加强与科技部联系，做好科技援青服务工作，对接科技需求，协调建立科技援青工作长效机制，力争一批东部发达地区优秀科技成果在青转移转化、先进实用技术在青推广应用，联合攻关一批核心关键技术，共同建立结对合作关系、联合实验室、科技援青工作站，推动东西部科技创新合作；统筹推进科技援青工作，建立健全科技援青工作长效机制，着力提升青海科技创新能力。积极协调科技部、科技援青省市组织筹备召开第二次全国科技援青座谈会，进一步动员全国科技力量、优势科技资源向青海集聚，切实发挥科技援青在青海创新发展中的重要作用，推动青海科技事业创新发展。

G.11
2018年青海大众创业、万众创新发展报告*

摘　要： 2018年，青海省深入实施创新驱动发展战略，以创新带动创业、创业促进创新，优化创新创业环境，降低创新创业成本，提高创业带动就业能力，增强科技创新引领作用，释放全社会创新创业潜能。全省不断完善创新创业制度建设，健全创新创业孵化体系，创新创业孵化载体更加丰富，形成了覆盖不同创业层次和领域的链条式创新创业服务平台，各种优惠政策持续助力发展，通过举办各类创新创业大赛和“双创”活动周，在全社会营造了浓厚的文化氛围，进一步激发了创新创业的热情。

关键词： 大众创业　万众创新　“双创”升级版　青海省

一　优化创新创业生态环境

（一）推动“放管服”改革

青海省深入落实《2017年省政府简政放权放管结合优化服务工作要点的通知》（青政办〔2017〕60号），积极探索、主动作为，聚焦企业和群众反映突出的办事难、办事慢，多头跑、来回跑等问题，扎实推进政务服务工

* 课题组成员：许淳、张海满、刘永庆、李鑫林、赵淑梅、杨发、周成录。

作，在优化服务方式、精简审批流程、压缩审批时限、强化监督管理等方面取得了明显成效，行政审批事项明显减少，商事制度明显简化，企业负担明显降低，市场监管明显加强，政府服务明显优化，发展活力明显提升，释放了干事创业的激情，强化了监管的效能。截至2018年底，全省在8个市（州）、46个县（区）行政服务中心和407个乡镇（街道）实现便民服务中心全覆盖，共计建成3049个村（社区）便民服务点，初步构建了省、市（州）、县（区）、乡镇（街道）、村（社区）五级联动的行政服务体系。横向到边、纵向到底的政务服务体系基本形成，实现了行政服务中心建设由“零散型”向“体系型”转变，全年共计梳理“马上办”事项428项、“最多跑一次”事项185项、“不见面”审批事项107项，做到利企便民、高效快捷，为促进政务服务集成化、规范化、便民化奠定了基础。

（二）深化商事制度改革

为进一步落实全国“多证合一”改革，青海省政府办公厅印发了《关于在更大范围实施“多证合一”改革的通知》（青政办〔2017〕172号），在全省范围内推行“四十一证合一”。2018年11月，青海省政府出台了《青海省全面推开“证照分离”改革实施方案》（青政〔2018〕82号），进一步推进“证照分离”改革，在全省范围内对第一批107项行政审批事项，采取直接取消审批、审批改为备案、实行告知承诺、优化准入服务等四种方式进行“证照分离”改革。为加快推进压缩企业开办时间，围绕工商登记、印章刻制备案、申领发票审核等事项，青海省政府办公厅出台了《关于进一步压缩企业开办时间的实施意见》（青政办〔2018〕117号），从2018年12月起，在青海省内注册企业所需时间压缩至8.5天以内，突破了国务院要求在省会城市压缩开办时间的目标任务。

（三）推进工商注册便利化

围绕降低市场准入门槛，全面落实“五自主”，实现企业自主选择企业名称、自主选择登记机关、自主选择经营范围、自主申报注册资本、自主选择注销方式。全面推行“五制”，实行企业自主申报制、企业名称网上远程核准制、企业住所（经营场所）登记简化制、企业自主选择登记机关制、简单事项“审核合一”制等改革新政，达到市场主体申请登记“零障碍”目的，激发了市场活力。着力实施“三个零”服务，先后推出开放企业名称库、“审核合一”、企业登记全程电子化等一系列“零见面”“零障碍”“零收费”的便利化服务举措。取消注册资本中介机构审验以及企业和个体工商户注册登记费、年检费、验照费、营业执照工本费等行政事业性收费。

（四）建立青海省小微企业名录库

重点开展青海省小微企业统计工作，建立青海省小微企业名录库系统，截至 2018 年底，全省归集入库小微企业达 34. 5 万户（含个体工商户，不含国有企业和农村专业合作社）。依托青海省小微企业名录库，青海省科技部门做好科技服务工作，推进信息互联共享，采取政策聚集、扶持导航的方式，为青海省小微企业提供创业政策咨询和创业辅导。截至 2018 年底，在青海省小微企业名录库系统上累计公示政策文件 101 件，发布要闻动态 161 条，公示金融、财政、税收等办事导航 91 条，公示各类企业享受政策信息 5057 条，访问量 13. 7 万人次。

二　提升创新创业服务水平

（一）完善创新创业制度建设

一是青海省政府制定出台了《青海省关于强化实施创新驱动发展战略进一步推进大众创业万众创新深入发展的实施意见》（青政〔2018〕28 号），旨在释放全社会创新创业潜能，在更大范围、更高层次、更深程度上推进大众创业、万众创新。二是青海省科技部门制定出台了《青海省科技创新券管理暂行办法》（青科发高新〔2018〕148 号），进一步加大支持科技企业和创新团队创新创业力度，优化科技服务业发展环境，大力培育高新技术企业、科技型企业等科技创新主体，提升社会研发费用投入力度。三是为深入贯彻落实《国务院关于推动创新创业高质量发展打造“双创”升级版的意见》（国发〔2018〕32号）总体部署，进一步激发市场活力和社会创造力，增强全省经济社会平衡、协调发展的动力供给，青海省科技部门起草了《青海省关于推动创新创业高质量发展打造“双创”升级版的实施意见（送审稿)》，报请省政府印发执行。

（二）全方位推进创新创业孵化载体建设

围绕实体经济转型升级需求，青海省加强专业化高水平创新创业综合载体建设，完善创新创业服务功能，打造高效便捷、覆盖全领域、服务全链条的创新创业孵化体系。

1. 众创空间

按照青海省政府办公厅《关于发展众创空间推进大众创新创业的实施意见》（青政办〔2015〕144号）在全省重点推动众创空间建设工作的要求，青海省科技部门加大众创空间的组建力度，截至2018年底，全省新建众创空间13家，累计建成众创空间39家，其中科技部备案11家，众创空间总面积超过18.47万平方米，入住创新创业团队和企业1880家，拥有专兼职创业导师1158人，带动就业5400多人，毕业企业26家，累计毕业企业147家。

2. 星创天地

2018年青海省立足地方农业主导产业、区域特色产业和国家农业科技园区建设星创天地。一是围绕青海省东部特色蔬菜基础建设和种苗繁育，依托海东国家农业科技园区，重点培育乐都农业科技园区、七彩农牧、黄河彩篮三个星创天地；二是在海西州柴达木盆地，围绕浆果综合开发产业和绿洲农业发展，重点培育诺木洪、云鑫生态养殖等星创天地；三是在西宁市围绕都市农业和休闲农业的发展，重点培育了高原绿、葛源、思得、高原逍遥花田、春源畜牧、大美奶业等星创天地；四是依托高原生态畜牧业和生态环境

保护工程，重点培育了三江源草业、金银滩等星创天地。截至2018年底，累计建成国家星创天地17家。

3. 科技企业孵化器

全面推进科技孵化器建设工作，为科技企业的运行发展提供强有力的科技服务平台。2018年新增科技企业孵化器3家，全省累计科技企业孵化器14家，其中国家级5家。截至12月底，孵化器总面积127.38万平方米，在孵企业576家，当年毕业企业34家，累计毕业企业360家，孵化器从业人员317人，拥有专兼职创业导师411人，带动就业9200余人。

4. 创业示范基地

紧盯创业者初创阶段实际困难，积极推动创业孵化载体平台建设。2018年，省级创业促就业扶持资金专项经费列支2500万元用于支持黄南州同仁县创业孵化基地、玉树州创业孵化基地、青海团省委青年职业技能培训和创业孵化基地建设。截至2018年底，全省共有创业孵化基地42家，其中，已建成运营孵化基地28家，在建14家，累计入孵企业1807家，实现创业带动就业超过1.36万人。

5. 小型微型企业创业创新示范基地

省级科技部门积极开展小型微型企业创业创新示范基地创建认定工作，截至2018年底，全省新增省级示范基地3家，并同时被工信部认定为国家级示范基地。截至2018年底，青海省共认定7家国家小型微型企业创业创新示范基地、14家省级小型微型企业创业创新示范基地。全省国家级示范基地总面积8.26万平方米，创业辅导师145人，累计孵化小微企业2473户，基地内从业人员达6852人，资产总额9331.43万元，为青海省加快发展新经济、培育发展新动能、打造发展新引擎奠定了基础。

6. “双创”示范基地

按照国家发改委《关于对2017年实施创新驱动发展战略推进大众创业万众创新工作真抓实干成效明显地方加大激励支持力度的工作方案》（发改办高技〔2018〕176号）要求，省级科技部门组织开展了大众创业万众创新区域示范基地考核评估工作，梳理了示范基地建设工作推进情况，总结了推进“双创”的亮点和经验。

7. 创新创业特色载体

根据财政部、工信部、科技部《关于支持打造特色载体推动中小企业创新创业升级工作的通知》（财建〔2018〕408 号）要求，青海省经信委、省财政厅、省科技厅联合组织全省园区申报大中小企业融通型创新创业特色载体，西宁（国家级）经济技术开发区成功获批，并获得国家专项资金资助 2500 万元。

（三）加大财政资金支持力度

1. 支持创新创业平台提升服务水平

组织开展了 2017 年度全省众创空间和科技企业孵化器绩效评价工作，对年度绩效较好的 10 家众创空间和 7 家孵化器给予奖励性补助，合计资金支持 1065 万元。

2. 设立科技创新券

2018 年，省级科技部门联合省级财政部门安排 500 万元资金支持科技创新券工作，旨在激发企业创新创业活力，推动科技服务业的发展，重点面向省内高新技术企业、科技型企业和科技型中小企业以及省级及以上科技企业孵化器、众创空间内创新创业企业和团队，支持其利用科技创新券购买检验检测、知识产权服务、科技咨询等科技服务。目前已搭建完成青海省科技创新券管理系统，注册科技服务机构 36 家，科技创新企业 260 家，合计发放科技创新券 680 万元。

3. 大学生创新创业投资引导资金规模逐步扩大

为鼓励和支持大众创业万众创新，青海省于 2015 年设立青海省大学生创新创业投资引导资金，截至 2018 年累计支持资金达到 1. 7 亿元，通过无息贷款、阶段参股等方式，累计支持创新创业企业 107 家、累计支持创新创业服务机构 28 家，并设立贷款风险补偿资金池，累计支持资金近 1. 14 亿元。并以大学生创新创业投资引导资金为基础，创业企业累计获得其他各类天使投资、风险投资、银行贷款和其他部门财政资金 7431

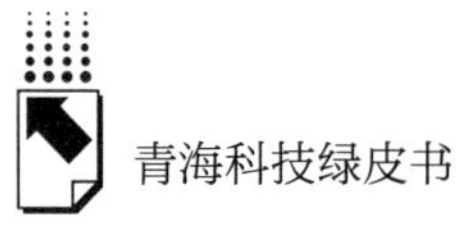

万元。

4. 发放创业促就业扶持资金

安排 9235 万元创业促就业扶持资金，用于支持创业孵化基地建设、补充创业贷款担保基金。指导青海省各市州全面落实首次创业补贴、创业一次性奖励、一次性创业岗位开发补贴等奖励扶持政策，截至 2018 年 11 月底，全省累计为 2028 人发放三项创业补贴 730 万元，其中为 642 人兑现首次创业补贴 127 万元，为 1517 人兑现创业一次性奖励 590 万元，为 20 个创业主体兑现一次性创业岗位开发补贴 12.8 万元。

（四）完善金融服务体系

1. 强化政策扶持

先后出台了《青海省关于服务实体经济防控金融风险深化金融改革的实施意见》（青发〔2018〕18 号）、《青海省人民政府办公厅关于加快全省政策性融资担保体系建设的实施意见》（青政办〔2018〕66 号）等政策措施，进一步夯实了推进普惠金融发展的政策基础。

2. 加大信贷支持力度

一是鼓励全省各银行业金融机构探索社会效益和经济效益双赢的小微金融发展模式，通过设立普惠金融事业部或普惠金融工作领导小组，不断提升服务实体经济的效能，截至 2018 年底，全省有 15 家银行设立了小微企业金融部。二是按推进金融机构开发契合青海省小微企业发展的信贷产品，提升金融服务实体经济的质量与效率，加大对小微企业的支持力度。三是建立了到村到户的“六个一”“530 小额信用贷款”精准扶贫金融服务工作机制，推出“幸福小额信用贷”“产业扶贫贷”等灵活实用的融资产品。截至 2018 年 10 月底，全省小微企业贷款余额 1366.5 亿元，同比增长 4.6%。

3. 完善创新创业担保体系

设立政策性担保公司，发展科技企业融资担保业务。大力推广小额贷款担保，对信用记录好、贷款使用效益好的创新创业群体提供担保支持。截至

2018 年 11 月底，全省融资担保公司新增担保业务 5456 笔，新增担保总额 186. 47 亿元，在保余额 246. 27 亿元，其中中小微企业在保余额 193. 91 亿元。全省小额贷款公司累计发放贷款 948 笔，贷款金额 23. 86 亿元，其中小微企业贷款 16. 39 亿元，贷款余额 48. 78 亿元。

4. 发挥资本市场配置作用

在全省开展“企业上市挂牌与直接融资金融综合服务对接会”，实现全省金融综合服务全覆盖。充分发挥财政资金引导作用，激发股权融资市场活力，积极引导符合条件的项目和经济效益好、发展潜力好的企业通过股权融资、引入投资基金等方式融资。截至 2018 年 11 月底，全省建立省级部门及国企出资投资基金 51 只，到位资金 422. 97 亿元，实现投资 329. 72 亿元。其中，全省科技型企业扶持基金共 5 只，到位资金 22. 42 亿元，实现对外投资 8. 84 亿元，重点扶持省内 280 项科技创新项目。

（五）落实税收优惠政策

1. 增值税方面

针对个体经营的军队转业干部和安置自主择业的军队转业干部开办企业、安置随军家属开办企业和从事个体经营的随军家属，按照政策规定免征增值税 39 万余元；对退役士兵创业就业扣减增值税 3 万余元；为重点群体创业就业减税 6 万余元；残疾人员本人为社会提供的服务享受增值税减免 17 万余元；对安置残疾人的单位和个体工商户限额即征即退增值税 4600 多万元。为支持小微企业发展，截至 2018 年 10 月底，增值税小规模纳税人享受小微企业税收优惠政策金额达 7. 5 亿元。

2. 企业所得税方面

2018 年前三季度，小型微利企业享受所得税优惠减免达 3593 万元，惠及纳税人 3238 户次；企业享受西部大开发所得税优惠减免达 69923 万元，惠及纳税人 225 户次；高新技术企业享受所得税优惠减免达 4682 万元，惠及纳税人 29 户次。

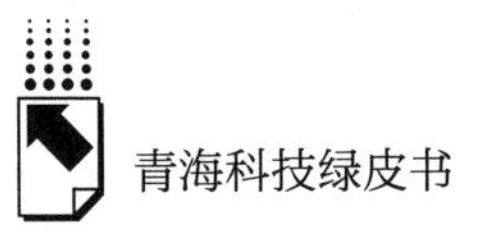

三　营造创新创业文化氛围

（一）举办各类创新创业大赛

成功举办了第四届“交行杯”青海省大学生创新创业大赛、2018 年“创客中国”暨“创青春”青海省创新创业大赛、第四届青海省大学生“互联网 +”创新创业大赛、中国创新创业赛“青海赛区”等各类项目竞赛，引进各金融机构、风险投资机构和孵化机构与大赛优胜项目进行对接，为创业者保驾护航，促进创新创业项目及企业发展壮大。

（二）组织开展“双创”活动周

按照《国家发展改革委关于做好 2018 年全国大众创业万众创新活动周筹备工作的通知》（发改高技〔2018〕1360 号）要求，由省级科技部门牵头，2018 年 10 月 9 日 ~15 日与全国同步举行了 2018 年全国大众创业万众创新活动周青海省分会场系列活动。活动周期间，全省各市（州）、各部门累计举办各类活动 50 余场次，直接参与近 16000 人次，积极组织活动信息编报工作，其中报送的 7 期活动信息被全国活动周组委会采用并发布。

四　创新人才发展机制

（一）积极创新人才发展体制机制

一是坚持问题导向，破除职称评价改革壁垒，减少应用型、实用型人才的学历、论文等限制性评价条件，对基层人才免于职称外语和计算机应用能力考试，对拥有重大科研成果或优秀创业项目的人才降低职称晋升门槛，健全中小学教师职称体系、职称评审办法等 5 项政策制度，探索建立“定向评价、定向使用”的基层人才高级职称评审制度等一系列政策措施，着力为人才发展“减负”和“松绑”。在人才评价上分类推进职称评审权下放，设立特殊人才职称直聘通道。二是完善科技管理体系，出台了《青海省深化科技领域“放管服”改革二十条（暂行)》，进一步激发科研人员的积极性和创造性，营造良好的科技创新氛围。深化科技成果使用处置收益改革，将高校、科研院所科技人员科技成果转移转化收益比例提高到70%，增强优秀人才的获得感。

（二）不断完善人才政策体系

坚持以政策创新带动体制机制改革，及时汇总梳理原有人才政策，强化人才政策的有效供给力度。以《青海省关于深化人才发展体制机制改革的实施意见》为人才工作统领，以《青海省“高端创新人才千人计划”实施方案》《青海省“中端和初级人才培养计划”实施方案》为人才建设载体，以《青海省柔性引才引智实施办法》《青海省人才工作目标责任制考核办法（试行)》《青海省人才工作“伯乐奖”评选奖励办法》为人才发展保障，进一步完善“1+2+3+X”升级版青海人才政策框架体系，为建设西部人才高地奠定了坚实的制度基础。

（三）强力实施重大人才工程

按照《青海省中长期人才发展规划纲要（2010~2020)》，组织实施了人才竞争力提升计划、人才“小高地”建设工程、青年科技人才培养计划、党政人才能力提升工程、企业经营管理人才推进计划、专业技术人才知识更新工程、高技能人才培养工程、万名农牧区人才培养计划、“专家服务团”活动、“三江源”人才培养使用工程、高层次人才引进计划、高校高层次人才培养引进计划、专业技术人员服务基层活动、人才信息化建设工程等14项重大人才工程，统筹推进各类人才队伍建设，不断开创人才发展新局面。

五　2019年展望

2019年，青海省将进一步贯彻党的十九大和青海省委十三届四次全会精神，落实“一优两高”发展战略，将创新创业作为推进供给侧结构性改革、实施创新驱动发展战略的重要抓手，更广泛动员各界力量，打造创新创业升级版，将创新创业工作全面有效推向深入。

（一）加强区域合作，引导跨区域合作

加强对外交流合作，促进经验交流和资源共享，通过结对帮扶、联合共建、模式输出、异地孵化等方式，引导东部发达地区与青海省孵化器、众创空间合作，实现互补合作，提升青海省创新创业整体水平和创新发展动力。

（二）引导创新平台与创新创业融合发展

加快建立以企业为主体、市场为导向、产学研深度融合的技术创新体系，提升科技资源高效配置的能力和水平。不断优化科技创新平台整体布局，加强科技基础条件平台、重点实验室、工程技术中心建设，增强科技创新能力。促进大型科研仪器设施开放共享，提高利用率和服务水平。引导和鼓励工程技术研究中心、重点实验室、企业技术中心等创新平台与创业孵化深度融合，开放仪器设备，放宽技术人员限制，促进科研成果转化，推动创新创业发展。

（三）注重人才培养，提升服务水平

继续深化人才体制机制改革，围绕“高端创新人才千人计划”、学科带头人队伍建设等不断完善高层次科技人才集聚机制，重点培养集聚一批发展急需的创造型、复合型、外向型高素质科技人才，加快聚集和培养高层次科技创新人才。加强青海省各类创新创业服务载体专业人才的培养，鼓励各行各业的高层次人才开展创业辅导，为创业人才提供多方位的高质量服务，提升创业服务人员的整体水平，推动创新创业更好发展。

（四）创新运营模式，提升绩效管理

深化“投资＋孵化”的创业孵化模式，鼓励孵化平台建立风险投资机

制，构建多层次创业孵化投资服务体系，满足不同企业不同阶段对资金的需求，让孵化平台与创业者共同发展，成为利益共同体。

（五）加强政策落地，优化创新环境。

统筹协调，细化工作措施，打通政策落地最后一公里。对各地方、各部门落实创新创业政策的情况开展第三方评估工作，以创业者的切身感受衡量政策落实成效，发挥创新创业政策应有的效果。通过进一步加强政策落地，优化政策环境，完善创新环境，突破孵化产业发展瓶颈，使科技孵化产业更好更快发展。

G.12

2018年青海农业科技园区发展报告*

摘　要： 农业科技园区是现代农业新技术集成转化的重要载体，是推进农业科技创新创业的重要平台、一二三产业融合发展的重要园地，促进农民就业创业的重要渠道、农业现代化与城镇化同步发展的重要纽带。截至2018年底，青海省38个省级农业科技园区建成的核心区、示范区、辐射区的面积分别达到56902亩、1195013亩、300万亩，发挥了核心区的技术集成和示范作用，以核心区带动示范区，以示范区拉动辐射区，构建了“三区互通互动”的技术转化和传播体系。

关键词： 农业科技园区　科技创新　青海省

一　青海省农业科技园区建设综述

截至2018年底，青海省共有38个省级农业科技园区，已建成核心面积24万亩。在实施乡村振兴战略的新形势下，农业科技园区建设为推进农业农村科技工作重心下移，推进农业现代化发展提供了新的切入点，为发展县域经济、增强县域科技创新能力培育了新的增长点。

（一）农业科技园区已经成为县域农业科技自主创新和转化的重要平台

2018年，开展省级农业科技园区绩效评估，参与评价的29个园

---

* 课题组成员：张超远、孙传范、王荔华、苗希春、杨军、常丽娜。

区，共取得专利 26 项、科技成果 35 项、标准 19 项；引进新品种 1208 个、新技术 124 项、新设施 20 台（套）；制造新产品 32 个。29 个园区建成的核心区、示范区、辐射区的面积分别达到 56902 亩、1195013 亩、300 万亩，发挥了核心区的技术集成和示范作用，以核心区带动示范区，以示范区拉动辐射区，构建了“三区互通互动”的技术转化和传播体系。

（二）农业科技园区已经成为农业农村创新创业的重要基地，营造了大众创业、万众创新的良好氛围

截至 2018 年底，青海省已有 17 家国家星创天地。青海省科技部门立足地方农业主导产业、区域特色产业建设星创天地，围绕东部特色蔬菜基础建设和种苗繁育，重点打造培育了乐都农业科技园区、七彩农牧、黄河彩篮三个星创天地；在海西州柴达木盆地，围绕枸杞等浆果产业和绿洲农业发展，重点培育了诺木洪、云鑫生态养殖等星创天地；在西宁市围绕都市农业和休闲农业的发展，重点培育了高原绿、葛源、思得、高原逍遥花田、春源畜牧、大美奶业等星创天地；围绕高原生态畜牧业发展和生态环境保护工程的实施，大力促进牛羊健康养殖、现代草业发展、畜产品精深加工等，重点培育三江源草业、金银滩等星创天地。

（三）农业科技园区已经成为拉动经济增长的强力引擎，培育了区域经济的新增长极

青海省级农业科技园区建设促进了地区农业产业化，取得了巨大的经济效益。园区企业聚集度高，效益显著。截至 2017 年底，全省 29 家省级农业科技园区共引进培育企业总数达 471 家。园区建设以强化“公司 + 农户”、“龙头企业 + 基地 + 农户”等发展模式，实现了一二三产融合发展，三产比例为 5.56 : 2.50 : 1.00。其中 2017 年当年总产值突破 5 亿元的园区达到 10 家，有效加快了地区农业产业化发展的步伐。

二　青海省农业科技园区创新能力总体评价

（一）总体情况

从29个青海省农业科技园区的创新能力指数统计发现，2018年度青海省农业科技园区的创新能力指数变异大，变异系数为25.1%。其中西宁市城中区、循化县、民和县、乐都区等农业科技园区的创新能力水平在全省处于领先地位。

1. 园区创新能力差异大

29个青海省农业科技园区的标准差为18.44，变异系数为25.1%，各园区之间的创新能力相差较大。其中创新能力评分在80分以上的有15家园区。在各项指标中当年所取得的专利和标准等能力以及入孵企业数等指标得分较差。

2. 园区创新工作开展具体情况分析

（1）创新绩效包括5个二级指标，涉及经济产出、科技产出、人才培训和企业孵化等多个指标。3个一级指标中创新绩效指数得分最高，变异系数数值29.8%，说明29个农业科技园区创新绩效差距较大。在创新绩效的二级指标中，主营业务收入、总产值和培训人数等3个指标得分率高，均达到80%以上。但园区孵化企业得分率低，仅为42%，可见园区孵化企业的创新能力较差，是下一步需重点改进的工作。

表1　2018年青海省农业科技园区创新能力指数统计

项目	创新支撑指数	创新水平指数	创新绩效指数
均值	24.65	21.56	26.34
变异系数(%)	21.37	45.9	29.8

表2　创新绩效各指标得分情况统计

项目	主营业务收入	总产值	新增产值	培训人数	孵化企业数
设计分值(平均)	8	6	6	5	5
实际得分(平均)	6.4	5.1	4.6	4.4	2.1
得分率(%)	80	85	76	88	42

（2）创新支撑包括 7 个二级指标，分别为政府投入、社会投入、园区投入、信息化水平、人才、管理模式、政策。农业园区创新支撑指数平均值为 24. 65，变异系数为 21. 37%，在 3 个一级指标中变异系数最低；另外根据得分率来看，园区投入、政策制定和人才等指标得分均低于 80%。

表 3　创新支撑各指标得分情况统计

项目	政府投入	社会投入	园区投入	信息化水平	人才	管理模式	政策
设计分值(平均)	5	2	3	5	5	10	2
实际得分(平均)	3. 9	1. 3	2. 1	4. 4	2. 7	8. 9	1. 5
得分率(%)	78	65	70	88	54	89	75

（3）创新水平包括 3 个二级指标，包括新产品、新技术、新设施数，专利和标准以及示范辐射带动面积。创新水平指数得分平均值为 21. 56，变异系数最高，达到 45. 9%；另外根据得分率来看，专利和标准得分率较低，仅为 33. 75%，是下一步园区科技产出方面要重点开展的工作。

表 4　创新水平各指标得分情况统计分析

项目	新品种、新技术、新产品、新设施数量	专利和标准等数量	示范辐射带动面积
设计分值(平均)	10	8	20
实际得分(平均)	6. 1	2. 7	17. 6
得分率(%)	61	33. 75	88

3. 各园区创新能力指数在结构上差异明显，创新绩效较为突出

各园区创新能力的 3 个一级指标中得分率差距较大，特别是创新水平得分率最低，仅为 56. 73%，下一步省级农业科技园区的工作重点应放在提升园区的创新水平上，尤其是要提升专利、标准数量和质量。另外创新绩效得分率达到 87. 8%，说明上年度园区的创新绩效工作扎实。

表 5　2018 年青海省农业科技园区创新能力指数完成情况统计

项目	创新支撑指数	创新水平指数	创新绩效指数
设计值	32	38	30
实际值(均值)	24.65	21.56	26.34
得分率(%)	77	56.73	87.8

（二）聚类分析

根据 2018 年青海省农业科技园区创新能力指数测算结果，将青海省 29 个省级农业科技园区创新能力划分为以下 3 类，分别为创新引领区、创新示范区、创新起步区。其中创新引领区为创新能力得分在 90 分及以上；创新示范区是 60 ~ 80 分之间；创新起步区创新能力得分低于 60 分。

表 6　青海农业科技园区创新能力分类

分类	园区名称	创新能力	创新支撑	创新水平	创新绩效
创新引领区(10)	城中区省级农业科技园区、青海互助省级农业科技园区、青海乐都省级农业科技园区、湟源县农业科技示范园、民和县省级农业科技园区、青海平安省级农业科技园区、青海循化省级农业科技园区、共和县省级农业科技园区、河南县省级农业科技园区、青海刚察县省级农业科技园区	91.4	28.9	34.2	28.3
创新示范区(16)	曲麻莱县省级农业科技园区、青海祁连省级农业科技园区、泽库县有机畜牧业产业园区、青海海北省级农业科技园区、格尔木省级农业科技园区、青海化隆省级农业科技园区、青海兴海省级农业科技园区、青海昶林省级农业科技园区、尖扎县省级农业科技园区、青海湟中省级农业科技园区、青海农盛省级农业科技园区、同仁县农牧业科技示范区、都兰省级农业科技园区、德令哈市省级农业科技园区、乌兰省级农业科技园区、青海春旺省级农业科技园区	73.3	24.7	26.5	22.1
创新起步区(3)	青海大通省级农业科技园区、青海果洛(大武镇)省级农业科技园区、青海长岭省级农业科技园区	31.3	14.3	6.7	10.3

（三）区域差异

按地域划分，29 个省级农业园区覆盖全省各个地区，但主要分布在西宁和海东，分别占 27.6% 和 20.7%，其次分布在海西、黄南和海北州，分别占 13.8%、13.8% 和 10.3%。玉树和果洛州较少。创新引领区主要分布在西宁和海东，创新示范区分布较广，除了果洛州外实现省内全覆盖。

表 7　青海农业科技园区按地区分布统计分析

地区	园区数	占比(%)	创新引领区	创新示范区	创新起步区
西宁	8	27.6	2	4	2
海东	6	20.7	5	1	0
海西	4	13.8	0	4	0
海南	2	6.9	2	1	0
海北	3	10.3	1	2	0
黄南	4	13.8	0	3	0
玉树	1	3.4	0	1	0
果洛	1	3.4	0	0	1
合计(平均)	29	100	10	16	3

29 个园区平均创新能力分值为 75.79，其中高于平均值的园区有海东、海北、海南、黄南和玉树。西宁、海西和果洛均低于平均值。

表 8　青海农业科技园区创新能力分析（按地区）

地区	园区数	创新能力	创新水平	创新支撑	创新绩效
西宁	7	72.1	20.7	23.1	28.3
海东	6	88	31.3	28.7	28
海西	4	65	24	21.5	19.5
海南	2	81	25	28	28
海北	3	81.7	27.3	28	26.4
黄南	4	77.25	28.5	27.5	21.25

续表

地区	园区数	创新能力	创新水平	创新支撑	创新绩效
玉树	1	76	30	22	24
果洛	1	37	6	15	16
合计(平均)	—	75.79	27.29	25.25	23.25

（注释：位于西宁市青海长岭省级农业科技园区创新能力得分为8，在区域统计中没有统计参考价值）

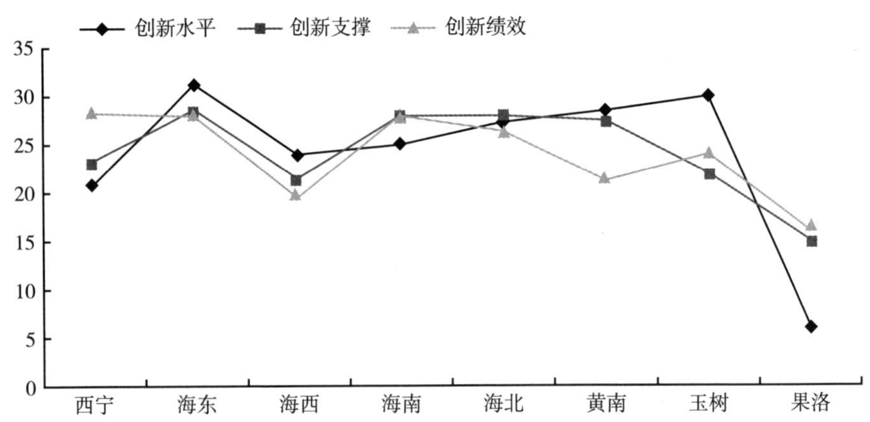

图1　不同地区创新水平、创新支撑、创新绩效能力情况对比

三　省级农业科技园区创新支撑评价

创新支撑是反映各园区在开展创新活动中的条件，其指数的高低显示出省级农业科技园区在集聚农业科技创新资源方面的能力，是加强农业科技创新工作的必要基础和关键举措。在指标设计上，分别从科技特派员和三区人才数、投融资能力、农村信息化应用、组织管理模式和政策环境五个方面进行衡量。

（一）人才队伍建设

近年来，园区大力推进科技特派员科技创业行动和“三区”人才专项行动，组织开展了各类农业科技服务，加快农业科技成果转化和先进适用技术的推广应用，显著提升了园区农业科技创新能力和水平。截至2017年底，29个园区科技特派员和三区人才总数达1057人。其中，海东科技特派员和三区人才最多，为353人。

1. 科技特派员

根据数据统计，目前86.2%的园区已开展了科技特派员创新创业行动。截至2017年底，29个园区科技特派员总数达918人，平均每个园区31.66人。同仁、互助、民和、河南、循化县等园区科技特派员人数位列前五，分别为106人、79人、73人、60人和60人。

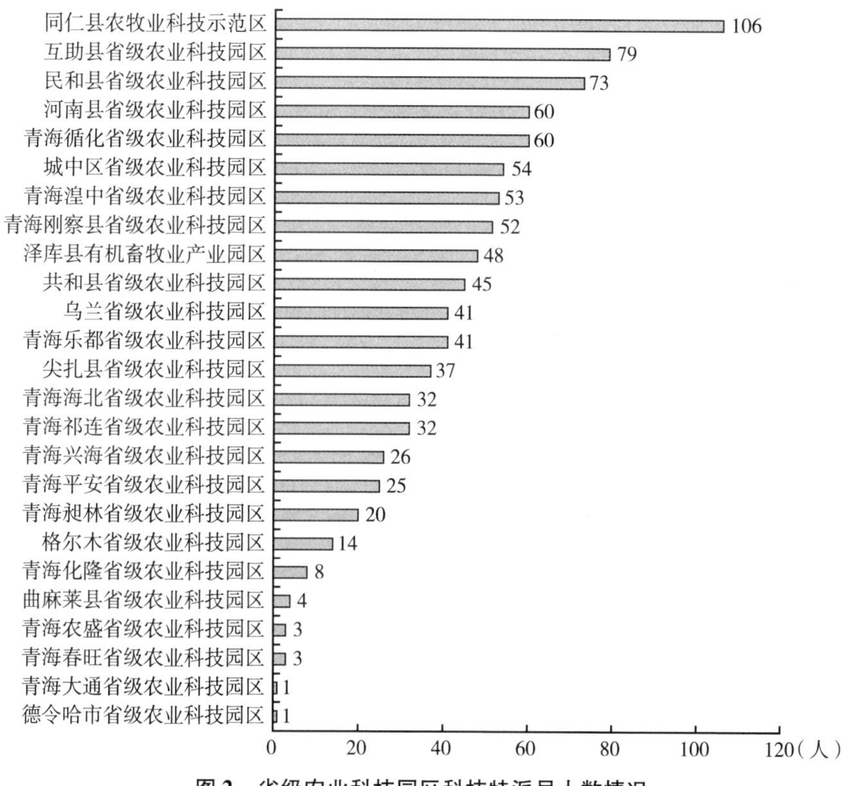

图2　省级农业科技园区科技特派员人数情况

按地域分，海东和黄南在科技特派员上的表现优于其他地区。2017年，海东园区共引进科技特派员286个，平均每个园区约47.67人，比园区平均

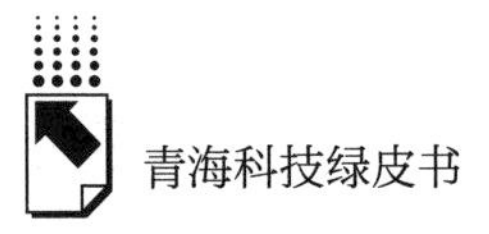

值多16.01人；黄南园区共引进科技特派员251个，平均每个园区约62.75人，比园区平均值多31.09人。

表9　不同地区科技特派员和三区人才引进情况

单位：人

		西宁	海东	海北	海南	海西	黄南	玉树	果洛
科技特派员	总数	134	286	116	71	56	251	4	0
	平均数	16.75	47.67	38.67	35.5	14	62.75	4	0
三区人才	总数	21	67	0	20	31	0	0	0
	平均数	2.63	11.17	0	10	7.75	0	0	0

2. 三区人才

据统计，34.5%的园区引进了三区人才。截至2017年底，29个园区的三区人才达到139人，平均每个园区4.79人。其中民和、乐都、湟源园区三区人才数位列前三，分别为37人、26人、21人。

按地域分，不论是总数还是平均值，海东都比其他地区要高。2017年，海东园区共引进三区人才67人，平均每个园区11.17人，比园区平均值多6.38人。

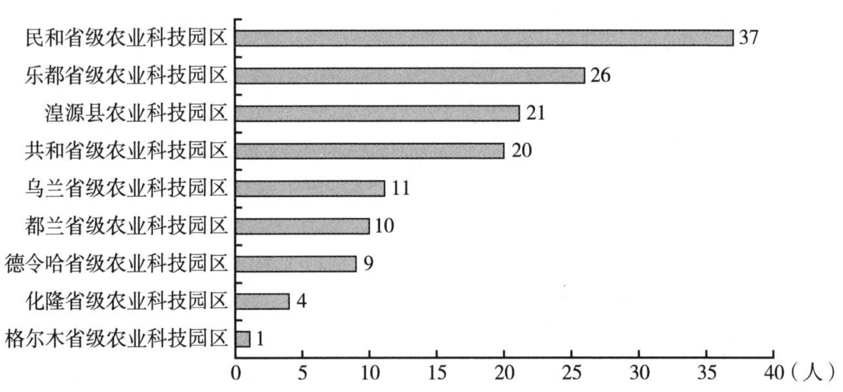

图3　省级农业科技园区三区人才人数情况

（二）信息化建设

农村信息化建设是农村科技进步的重要载体，对农业科技创新发挥着重要作用。经过多年的建设，青海省农业科技园区信息技术初步应用，信息资源建设成效显现，园区“三农”服务的信息化水平不断提高。目前，多数园区已建成科技信息服务中心、信息服务大厅、科普惠农信息服务站、农村科技信息网络等服务平台，开通了“12319”科技信息查询和“12316”三农服务热线，有些园区甚至还将服务下延至乡镇，建立了乡镇信息服务站。同时依托青海省农村信息化综合服务平台，通过多种技术手段、多种服务通道，预先、主动地将农牧业生产技术、林业培育、病虫害防治技术、市场交易、气候预警、社会管理等信息精准推送给农牧民和农牧业龙头企业、农牧业生产基地等，有力推动了全省农牧业新技术、新成果在农牧区的推广应用，在一定程度上提升了信息化对园区农牧业产业以及农牧区社会管理与民生保障的水平。

根据园区评估指标，信息化应用水平分为高、有一定水平、低三个等级。2017 年，信息化应用水平等级为高的园区有 18 个，占 62.1%。按地域分，海东信息化应用水平等级为高的园区最多，有 5 个，占海东农业园区总数的 83%，西宁市信息化应用水平等级为高的园区有 4 个，黄南信息化应用水平等级为高的园区有 3 个，海北、海南和海西信息化应用水平等级为高的园区分别有 2 个。

（三）投入情况评价

2017 年，园区及园区内企业的投融资总额达 286765.66 万元，其中，政府投入 114868.23 万元，占 40%，社会资本投入 97691.79 万元，占 34.1%，园区自身投入 74205.64 万元，占 25.9%。初步形成了政府、企业、社会资本投资参与园区建设和技术引进的多渠道、多元化投融资机制，大大加快了园区建设。

2017 年，园区单位土地面积投融资强度为 5.04 万元/亩。按地域分，海南地区园区的投融资强度最高，为 57.95 万元/亩，其次是西宁地区园区，为 11.01 万元/亩。

表 10　不同地区园区投融资情况

		西宁	海东	海北	海南	海西	果洛	黄南	玉树
科技特派员	投融资总额(万元)	67035.79	125330.56	15541	56413	6453.1	473	14189.21	1330
	园区单位土地面积投融资强度(万元/亩)	11.01	4.47	5.1	57.95	1.09	12.13	1.49	0.41

1. 政府投入

2017 年，园区政府投入总额达 114868.23 万元，平均每个园区投入 3960.97 万元。政府投入前 5 名的是平安、民和、共和、化隆、德令哈园区，分别为 41888 万元、28055.26 万元、19320 万元、6000 万元、2305.6 万元。

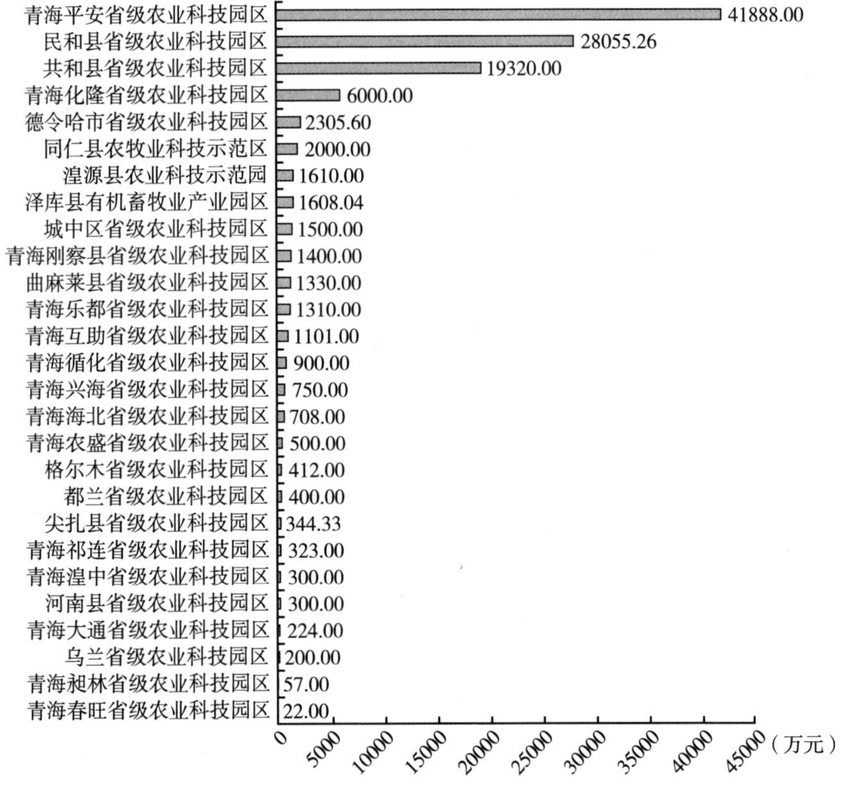

图 4　省级农业科技园区政府投入情况

按地域分，不论是总额还是平均值，海东和海南地区园区都比其他地区园区要高。2017 年，海东和海南园区政府投入分别为 79254.26 万元和 20070 万元，每个园区政府投入平均值分别为 13209.04 万元和 10035 万元，远高于其他地区园区平均值。

表 11　按地域分园区投融资情况

单位：万元

		西宁	海东	海北	海南	海西	果洛	黄南	玉树
政府投入	总额	4213	79254.26	2431	20070	3317.6	0	4252.37	1330
	平均值	526.62	13209.04	810.33	10035	829.4	0	1063.09	1330
社会资本投入	总额	57878.79	6000	9700	19613	1400	0	3100	0
	平均值	7234.85	1000	3233.33	9806.5	350	0	775	0
园区自身投入	总额	4944	40076.3	3410	16730	1735.5	473	6836.84	0
	平均值	618	6679.38	1136.67	8365	433.87	473	1709.21	0

2. 社会资本投入

2017 年，园区社会资本投入 97691.79 万元，平均每个园区 3368.68 万元。社会资本投入前 5 名的是湟源、共和、祁连、化隆、青海昶林省级农业园区，分别为 53288.79 万元、18000 万元、7800 万元、2800 万元、2300 万元。

按地域分，不论是总额还是平均值，西宁和海南地区园区都比其他地区园区要高。2017 年，西宁和海南园区社会资本投入分别为 57878.79 万元和 19613 万元，每个园区社会资本投入平均值分别为 7234.85 万元和 9806.5 万元，远高于其他地区园区平均值。

3. 园区自身投入

2017 年，园区自身投入 74205.64 万元，平均每个园区 2558.82 万元。园区自身投入前 5 名的是民和、共和、兴海、化隆、循化省级农业园区，分别为 32372.1 万元、12500 万元、4230 万元、3200 万元、2300

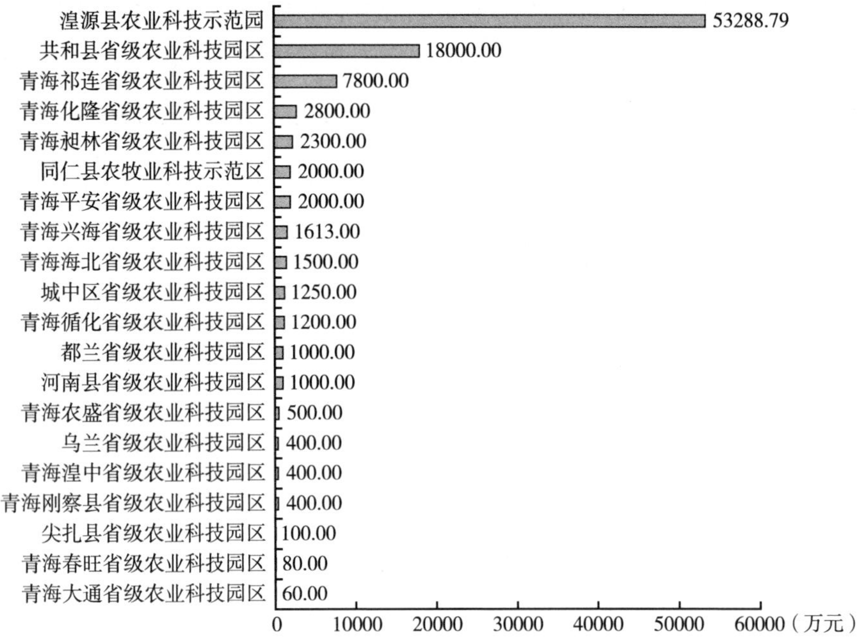

图 5　省级农业科技园区社会资本投入情况

万元。

按地域分，不论是总额还是平均值，海东和海南地区园区都比其他地区园区要高。2017 年，海东和海南园区自身投入分别为 40076. 3 万元和 16730 万元，每个园区自身投入平均值分别为 6679. 38 万元和 8365 万元，远高于其他地区园区平均值。

（四）组织管理模式

随着园区的建设和发展，园区管理体系与保障机制逐步完善，园区建设逐渐步入规范化、科学化发展阶段。29 家省级农业科技园区中，有 16 个政府主办型，8 个企业主办型，2 个科研单位与企业合办，2 个科研单位与政府合办，1 个为其他型。从管理体制上看，园区所在市州县基本上都成立了以主管科技或农业的党政领导为组长，科技、农业、林业、畜牧、水利、交通、发改、财政等相关单位为成员的园区建设工作领导小组，同时成立了农

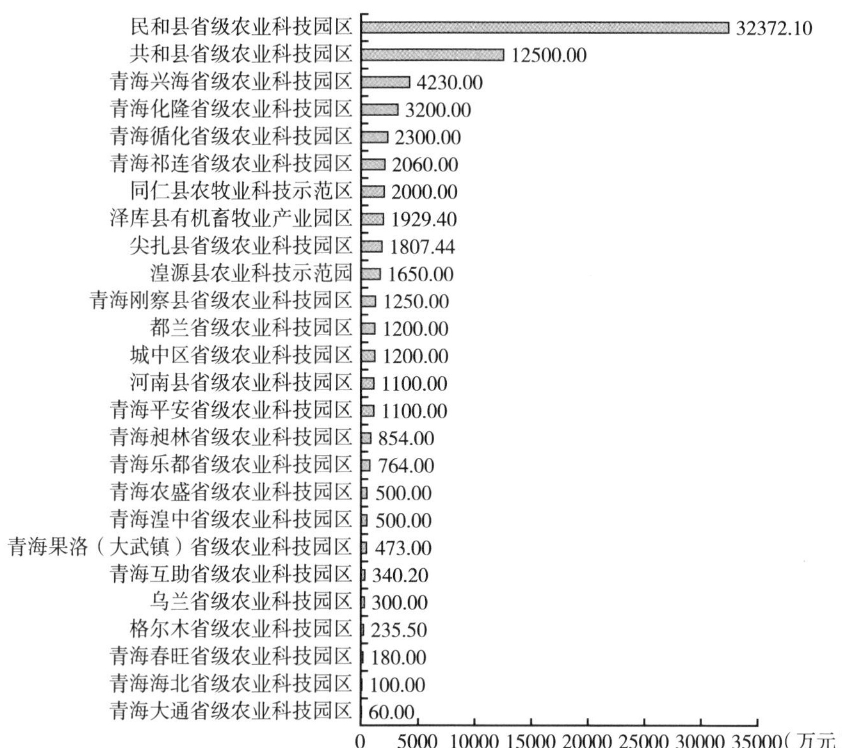

图6 省级农业科技园区自身投入情况

业示范园区管委会等机构。主要职责是全面负责科技园区的运行管理，拟定园区经济发展总体规划、基础设施、公共设施的建设与管理、合理流转并使用土地、项目的审报、审核机构、入园企业的管理审批、园区内各科研基地、生产基地的监管工作；做好园区内的招商引资和有关企业的组织运行管理工作。

（五）政策环境

园区建设始终坚持“政府引导、企业运作、社会参与、农民受益”的原则。多数园区制定了《农业科技园区管理办法》等政策，使园区建设管理有序规范。各地政府在人才、项目、土地、基础设施、招商引资等方面制

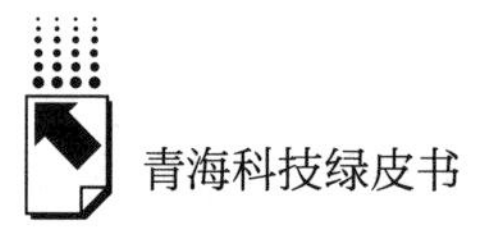

定了多项优惠政策，为园区内企业引进、农业产业化发展创造了良好的政策环境。

1. 园区建设水平与政策支持有较大相关性

2017 年，园区出台管理制度和地方政府出台对园区的支持政策得分（满分 2 分）平均分为 1.5 分，获得满分的园区 19 家，占 65.5%。排名前 10 位的园区中有 7 家园区满分，表明园区建设水平与政策支持有较大相关性。

2. 园区政策支持力度区域间差异明显

从地域来看，海北和玉树地区当年出台管理制度和地方政府出台对园区的支持政策的平均分为 2 分，海东、海西和黄南 3 个地区的平均分为 1.5 分以上，西宁平均分为 1.25 分，海南和果洛地区的平均分为 1 分。表明园区政策支持力度区域间差异明显。

四　省级农业科技园区创新水平评价

创新水平反映的是各园区开展的创新活动以及取得的技术成果，主要包括开展的研发项目取得的专利成果、引进示范的活动及成果（引进和推广的新品种、新品系、新技术、新产品和新设施等）。

（一）创新成果

采用当年获得的专利总数、成果总数、标准总数作为衡量园区创新成果的主要评价指标。

1. 专利

2017 年，取得专利的农业科技园区共 5 家，占农业科技园区总数的 17.24%，平均每个园区获得专利数为 0.90 项。其中，除湟源县农业科技示范园取得软件著作权 7 项外，其余园区均未取得软件著作权。

2017 年，西宁、海东、海南和海西 4 个地区的农业科技园区取得了专利。其中，湟源县农业科技园区和共和县省级农业科技园区取得专利较多，分别是 11 项、8 项，高于其他农业科技园区。

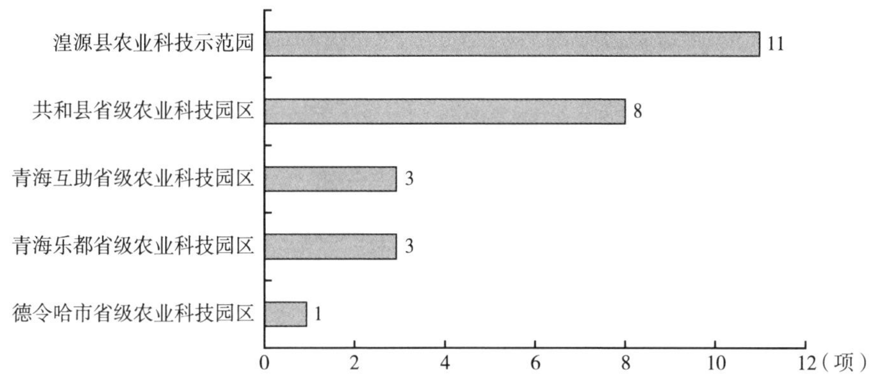

图7　获取专利的农业科技园区

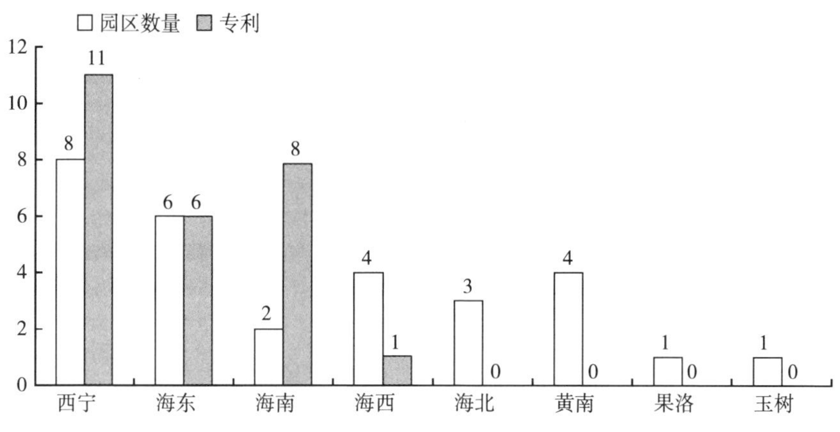

图8　不同地区获取专利的农业科技园区分布情况

2. 科技成果

2017年，取得成果的农业科技园区有10家，占农业科技园区总数的34.48%，平均每个园区获得成果数为1.38项。其中，青海祁连省级农业科技园区和青海互助省级农业科技园区都取得了7项科技成果，相较其他园区要突出。

3. 标准

2017年，取得标准的农业科技园区共6家，平均每个园区获得标准数为0.66项。取得标准的农业科技园区占总数的20.69%。其中，制定标准最多的园区是青海海北省级农业科技园区为7项。

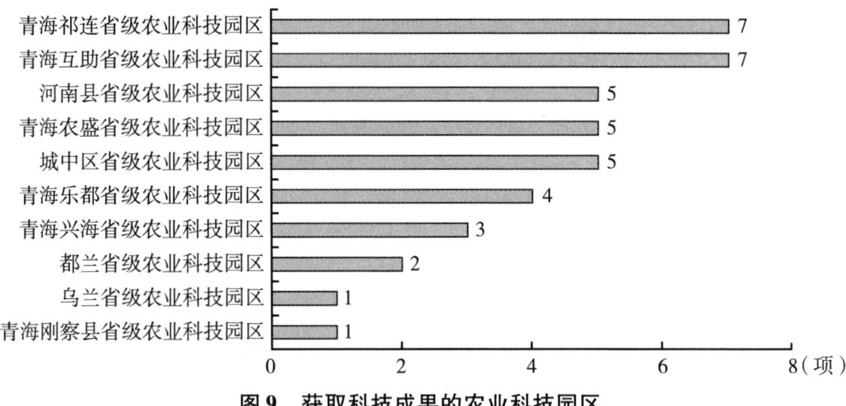

图 9　获取科技成果的农业科技园区

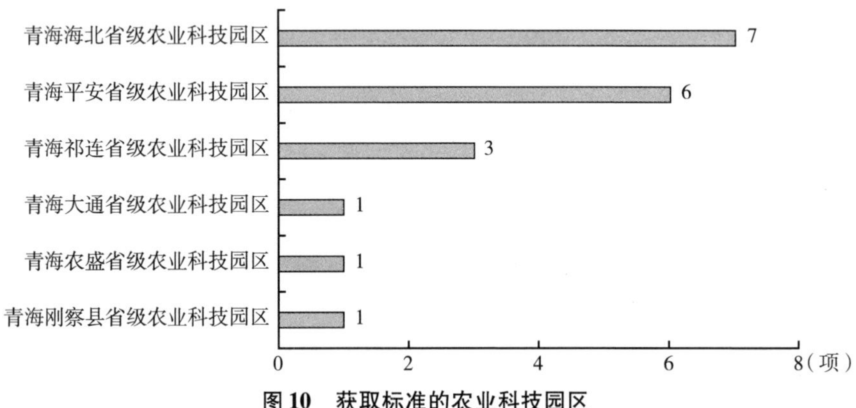

图 10　获取标准的农业科技园区

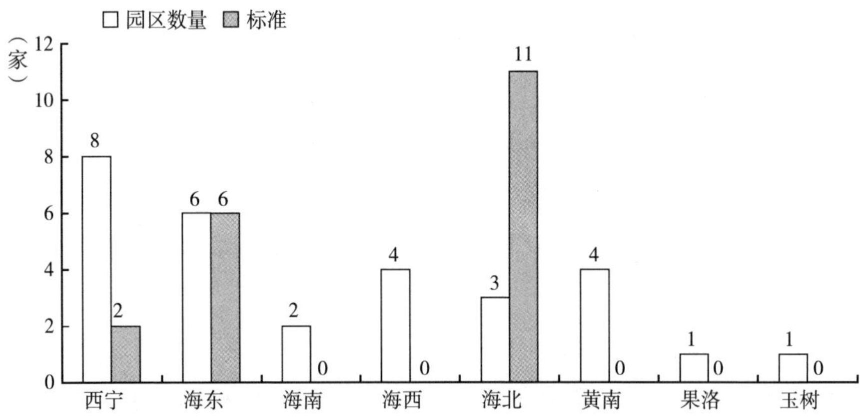

图 11　不同地区获取标准的农业科技园区分布情况

（二）园区集成创新

对园区集成创新示范能力的评价采用科技引进类指标，包含新品种、新技术、新产品、新设施四个分项指标。

1. 新品种

2017 年，引进新品种的农业科技园区有 25 家，共引进新品种 1269 个，平均每个园区引进新品种数为 43.76 个。有 2 家农业科技园区没有引进新品种，分别是青海大通省级农业科技园区和青海长岭省级农业科技园区。其中，高于新品种平均值的农业科技园区数量有 11 家，占总数的 37.93%。西宁、海东、海西和黄南农业科技园区引进的新品种数量都超过 100 个，尤其是西宁农业科技园区引进新品种达 590 个，远多于其他地区的农业科技园区。按引进的新品种类型来说，主要是蔬菜和水果，其次是枸杞新品种。

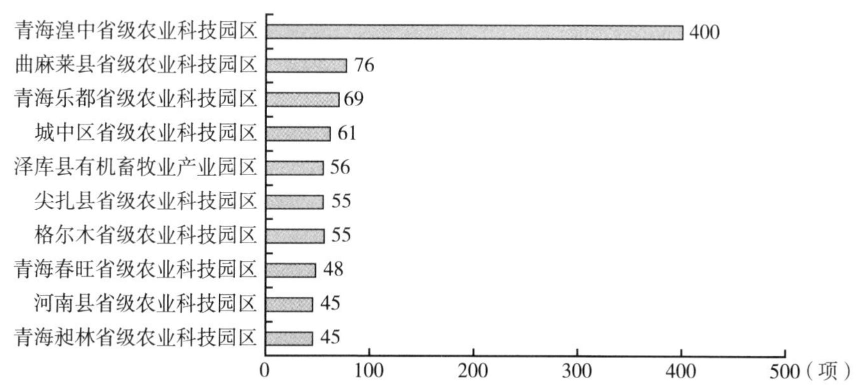

图 12　引进新品种排名前 10 的农业科技园区

2. 新技术

2017 年，引进新技术的农业科技园区有 10 家，占总数的 34.48%，平均每个园区引进新技术数为 4.28 项。引进新技术园区主要分布在海东市和西宁市。其中，引进新技术较多的是：青海平安省级农业科技园区、湟源县农业科技示范园，分别引进 32 项、29 项。

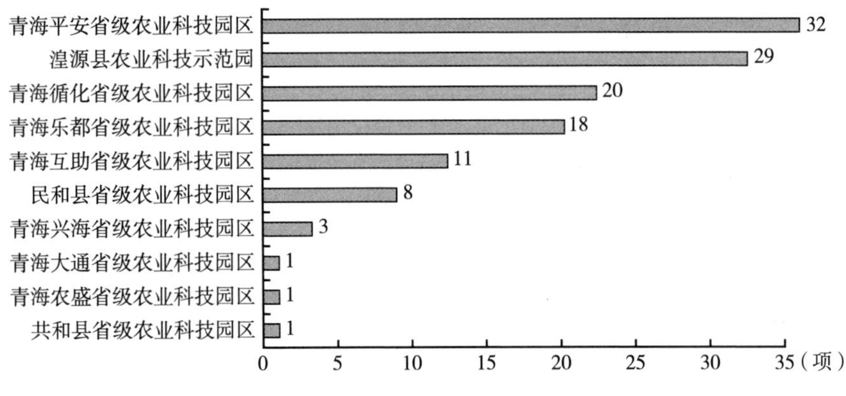

图 13　引进新技术的农业科技园区统计

3. 新产品

2017 年，参评农业园区共有新产品 32 个，平均每个园区拥有量为 1.1 个。生产出新产品的农业科技园区，只有共和县省级农业科技园区、湟源县农业科技示范园和青海乐都省级农业科技园区 3 家，占所有参与评价的农业科技园区总数的 10.34%。

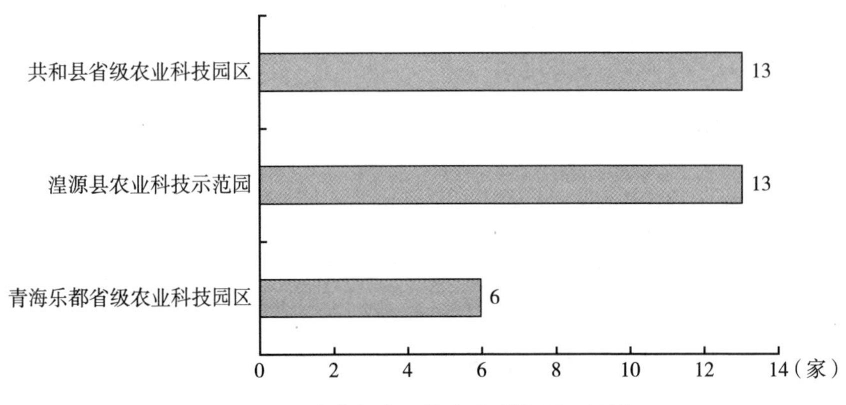

图 14　生产出新产品的农业科技园区统计

4. 新设施

2017 年，拥有新设施的农业科技园区只有格尔木省级农业科技园区、湟源县农业科技示范园和青海乐都省级农业科技园区 3 家，共有新设施 20 个，平均每个园区拥有的新设施数量为 0.69 个。

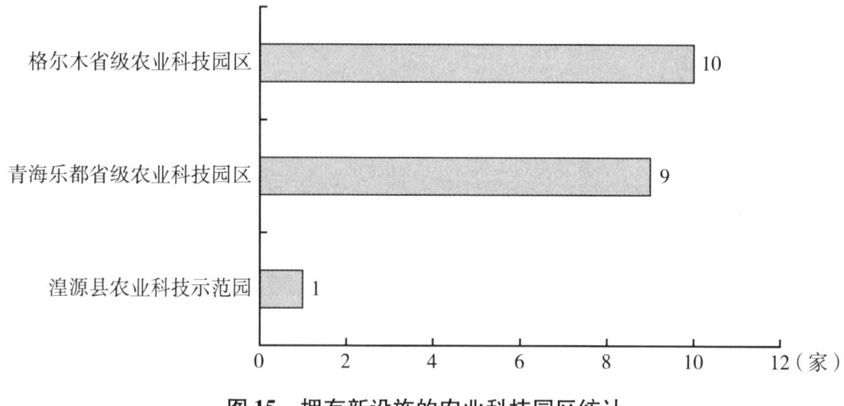

图 15　拥有新设施的农业科技园区统计

（三）园区示范成果辐射

对园区示范成果辐射能力的评价，采用园区示范辐射带动面积及园区示范辐射带动面积里集成推广的新品种、新技术、新设施、新产品等指标双重评价。

1. 示范推广面积

参评的 29 个农业科技园区，平均示范带动面积为 43169. 48 亩。其中，青海刚察县省级农业科技园区示范辐射带动面积最大，达到 99. 55 万亩，远超其他农业科技园区。

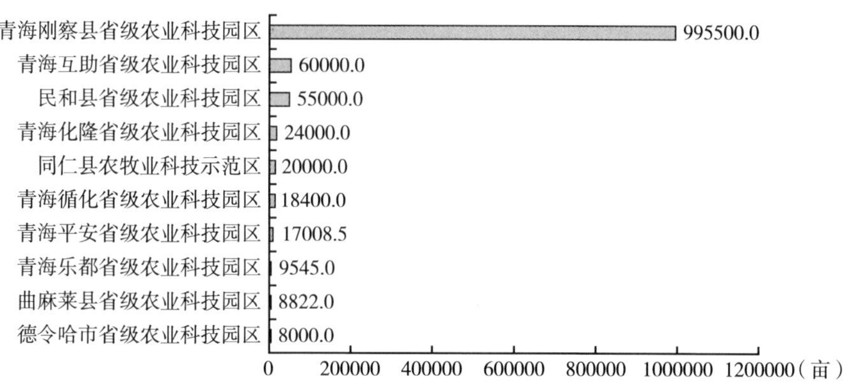

图 16　示范辐射带动面积排名前 10 的农业科技园区统计

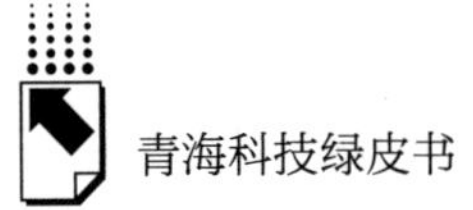

2. 单位示范推广面积集成推广的新品种、新技术、新产品、新设施

（1）新品种

青海昶林省级农业科技园区和青海湟中省级农业科技园区单位面积推广新品种相较其他园区要多5倍以上。单位示范辐射带动面积推广新品种排名前10的农业科技园区中，西宁市4家，黄南州3家，海北州1家，海南州1家，果洛州1家，说明示范带动作用较强的地区是西宁市和黄南州。

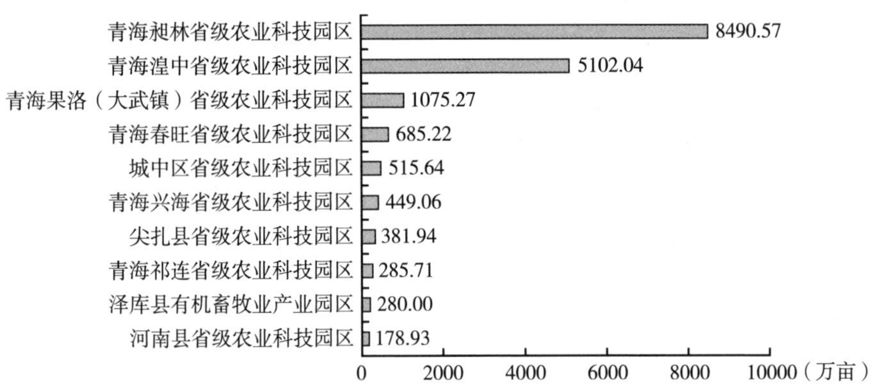

图17　单位示范辐射带动面积推广新品种排名前10的农业科技园区

（2）新技术

参评的29个农业科技园区，青海农盛省级农业科技园区、湟源县农业

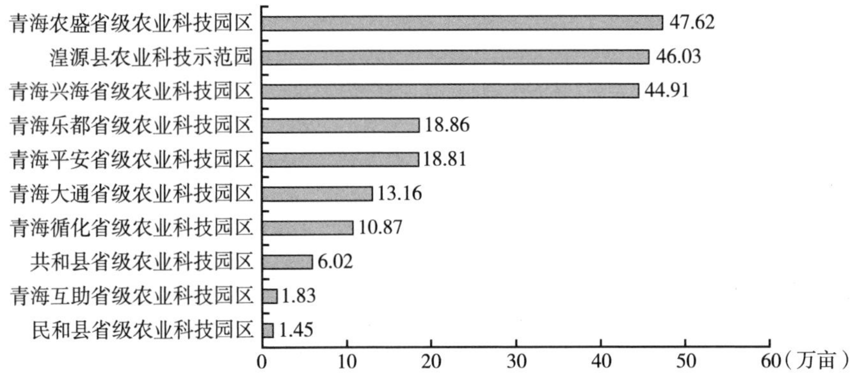

图18　单位示范辐射带动面积推广新技术排名前10的农业科技园区

科技示范园和青海兴海省级农业科技园区单位面积推广新技术相较其他园区要多4倍以上。单位示范辐射带动面积推广新技术排名前10的农业科技园区中，海东市5家，西宁市3家，海南州2家。其余园区当年没有引进新技术进行示范推广。

（3）新产品

参评的29个农业科技园区中，共和县省级农业科技园区辐射效果最强。

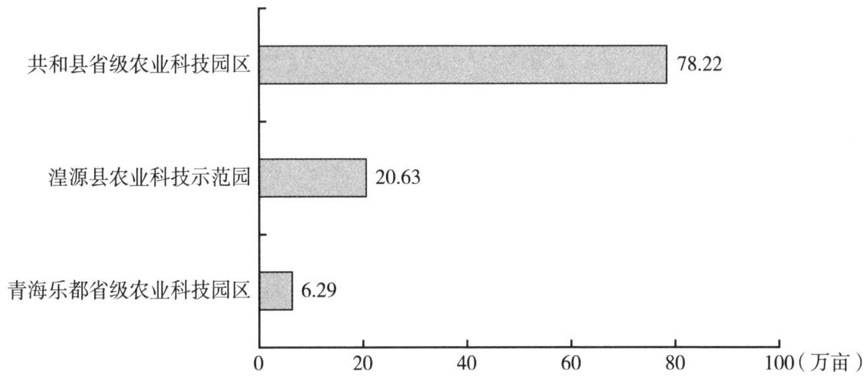

图19　单位示范辐射带动面积推广生产新产品的农业科技园区

（4）新设施

参评的29个农业科技园区，青海农盛省级农业科技园区示范效果最好。

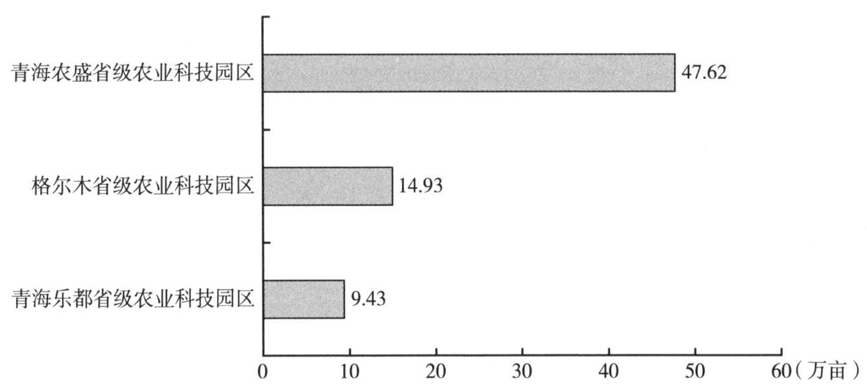

图20　单位示范辐射带动面积推广使用新设施的农业科技园区

五　省级农业科技园区创新绩效评价

创新绩效反映的是农业科技园区创新活动取得的经济效益与社会效益，主要从经济收益、产业结构、人才培训、孵化企业等方面4个指标进行定量分析。

（一）经济产出情况

园区科技创新在经济效益方面的最直接体现就是近三年园区企业产值平均增幅。

29个省级农业科技园区2015～2017年产值平均增幅为37.23%，显示了园区产业发展的强劲势头。2017年园区产值43.35亿元，同比增长12.77%。

表12　近三年园区企业产值平均增幅描述性统计分析

单位：%

项目	统计值
最大值	383.75
最小值	-65.91
平均	37.23
标准误差	8.23
标准差	8.07

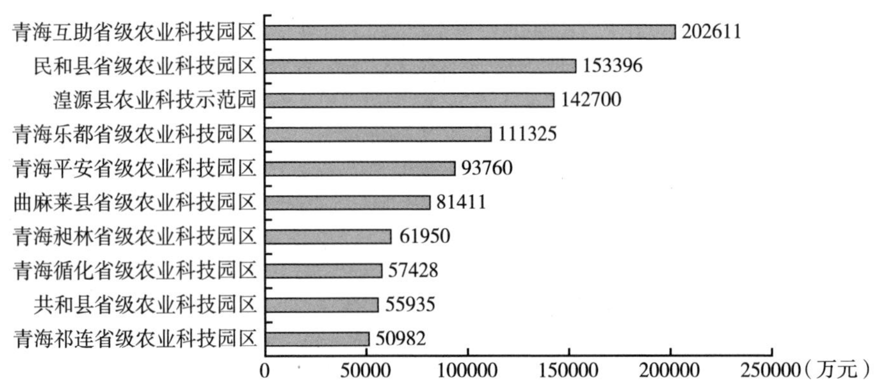

图21　2015～2017年园区企业产值平均增幅排名前10位的园区

表 13　2015～2017 年园区企业产值地域分布情况

单位：万元

	西宁	海东	海北	海南	海西	黄南	果洛	玉树
总产值	233624. 74	640391. 4	82305. 4	81515	110672	77210. 3	199	81411. 14
平均数	29203. 09	106731. 90	27435. 13	40757. 50	27668. 00	19302. 58	199. 00	81411. 14
占比(%)	17. 87	48. 98	6. 30	6. 24	8. 47	5. 91	0. 02	6. 23

（二）园区产业结构

园区二三产产值占总产值的平均比例为 37. 77%，距 2014 年我国农业园区二三产产值占总产值的比例 78. 37% 有很大的差距。主要是青海农业园区浓厚的农业生产示范特色，园区主导产业还是粗放式发展，缺少产品的深精加工，由此带动的第三产业较少。

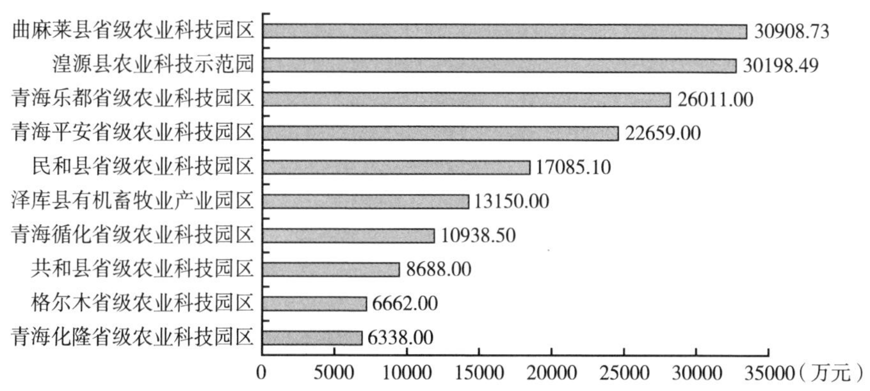

图 22　二三产产值占总产值比例最大的 10 个园区

（三）人才培训情况

各园区积极举办各类农业科技培训班，培训农牧民 49362 人次，平均每个区培训 1702 人次。同时，向周边农户提供园区先进的种养殖技术资料和派专业技术人员进行现场培训，加强农村科技骨干的培训。

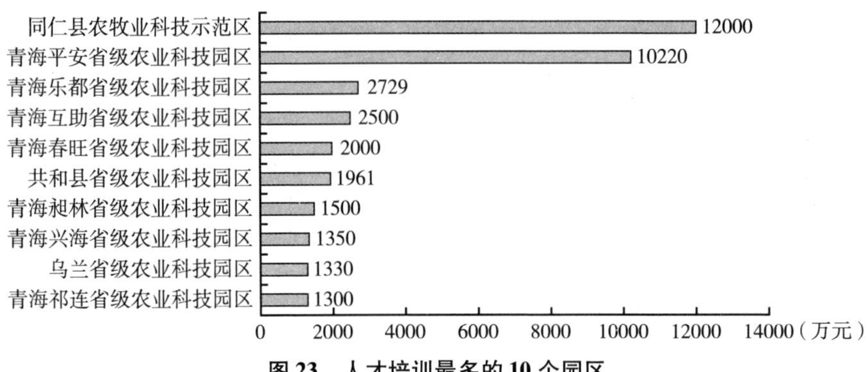

图 23　人才培训最多的 10 个园区

（四）园区企业培育

在孵企业数方面，29 个科技园区在孵企业 471 个，平均每区在孵企业 16.24 个。

按地域划分，海东园区孵化企业总数和平均数分别变为 212 个、35.33 个，高于其他地方园区。

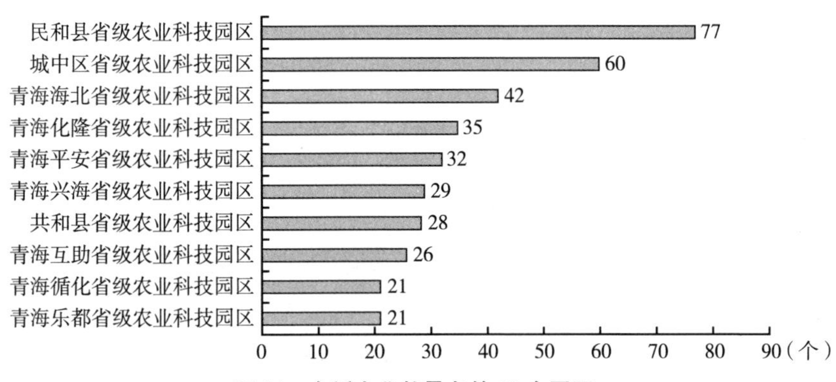

图 24　在孵企业数最多的 10 个园区

表 14　孵化（含入住）企业数分地域分布情况

单位：个

	西宁	海东	海北	海南	海西	黄南	果洛	玉树
总数	84	212	58	57	18	39	1	2
平均数	10.50	35.33	19.33	28.50	4.5	9.75	1	2

六 省级农业科技园区创新绩效总体排名情况

根据创新能力得分值，29 个青海省农业科技园区整体排名如下。

表 15 青海省农业科技园区整体排名汇总表

序号	园区名称	地区	创新能力分值	排名	备注
1	城中区省级农业科技园区	西宁	97	1	
2	青海互助省级农业科技园区	海东	96	2	
3	青海乐都省级农业科技园区	海东	95	3	
4	湟源县农业科技示范园	西宁	94	4	
5	民和县省级农业科技园区	海东	93	5	
6	青海平安省级农业科技园区	海东	93	5	
7	青海循化省级农业科技园区	海东	92	7	
8	共和县省级农业科技园区	海南	92	7	
9	河南县省级农业科技园区	黄南	91	9	
10	青海刚察县省级农业科技园区	海北	90	10	
11	曲麻莱县省级农业科技园区	玉树	88	11	
12	青海祁连省级农业科技园区	海北	87	12	
13	泽库县有机畜牧业产业园区	黄南	87	12	
14	青海海北省级农业科技园区	海北	86	14	
15	格尔木省级农业科技园区	海西	85	15	
16	青海化隆省级农业科技园区	海东	80	16	
17	青海兴海省级农业科技园区	海南	78	17	
18	青海昶林省级农业科技园区	西宁	76	18	
19	尖扎县省级农业科技园区	黄南	76	18	
20	青海湟中省级农业科技园区	西宁	73	20	
21	青海农盛省级农业科技园区	西宁	72	21	
22	同仁县农牧业科技示范区	黄南	72	21	
23	都兰省级农业科技园区	海西	67	23	
24	德令哈市省级农业科技园区	海西	66	24	
25	乌兰省级农业科技园区	海西	66	24	
26	青海春旺省级农业科技园区	西宁	65	26	
27	青海大通省级农业科技园区	西宁	53	27	
28	青海果洛（大武镇）省级农业科技园区	果洛	41	28	
29	青海长岭省级农业科技园区	西宁	12	29	

❖ 皮书起源 ❖

“皮书”起源于十七、十八世纪的英国，主要指官方或社会组织正式发表的重要文件或报告，多以“白皮书”命名。在中国，“皮书”这一概念被社会广泛接受，并被成功运作、发展成为一种全新的出版形态，则源于中国社会科学院社会科学文献出版社。

❖ 皮书定义 ❖

皮书是对中国与世界发展状况和热点问题进行年度监测，以专业的角度、专家的视野和实证研究方法，针对某一领域或区域现状与发展态势展开分析和预测，具备原创性、实证性、专业性、连续性、前沿性、时效性等特点的公开出版物，由一系列权威研究报告组成。

❖ 皮书作者 ❖

皮书系列的作者以中国社会科学院、著名高校、地方社会科学院的研究人员为主，多为国内一流研究机构的权威专家学者，他们的看法和观点代表了学界对中国与世界的现实和未来最高水平的解读与分析。

❖ 皮书荣誉 ❖

皮书系列已成为社会科学文献出版社的著名图书品牌和中国社会科学院的知名学术品牌。2016 年，皮书系列正式列入“十三五”国家重点出版规划项目；2013~2019 年，重点皮书列入中国社会科学院承担的国家哲学社会科学创新工程项目；2019 年，64 种院外皮书使用“中国社会科学院创新工程学术出版项目”标识。

中国皮书网

（网址：www.pishu.cn）

发布皮书研创资讯，传播皮书精彩内容

引领皮书出版潮流，打造皮书服务平台

栏目设置

关于皮书：何谓皮书、皮书分类、皮书大事记、皮书荣誉、

皮书出版第一人、皮书编辑部

最新资讯：通知公告、新闻动态、媒体聚焦、网站专题、视频直播、下载专区

皮书研创：皮书规范、皮书选题、皮书出版、皮书研究、研创团队

皮书评奖评价：指标体系、皮书评价、皮书评奖

互动专区：皮书说、社科数托邦、皮书微博、留言板

所获荣誉

2008年、2011年，中国皮书网均在全国新闻出版业网站荣誉评选中获得“最具商业价值网站”称号；

2012年，获得“出版业网站百强”称号。

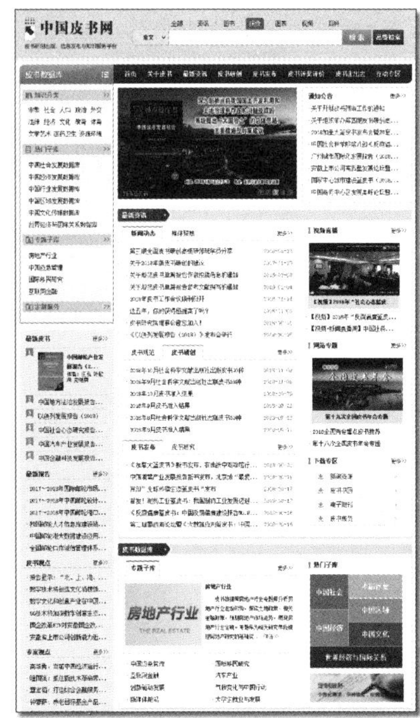

网库合一

2014年，中国皮书网与皮书数据库端口合一，实现资源共享。

中国社会发展数据库（下设12个子库）

全面整合国内外中国社会发展研究成果，汇聚独家统计数据、深度分析报告，涉及社会、人口、政治、教育、法律等12个领域，为了解中国社会发展动态、跟踪社会核心热点、分析社会发展趋势提供一站式资源搜索和数据分析与挖掘服务。

中国经济发展数据库（下设12个子库）

基于"皮书系列"中涉及中国经济发展的研究资料构建，内容涵盖宏观经济、农业经济、工业经济、产业经济等12个重点经济领域，为实时掌控经济运行态势、把握经济发展规律、洞察经济形势、进行经济决策提供参考和依据。

中国行业发展数据库（下设17个子库）

以中国国民经济行业分类为依据，覆盖金融业、旅游、医疗卫生、交通运输、能源矿产等100多个行业，跟踪分析国民经济相关行业市场运行状况和政策导向，汇集行业发展前沿资讯，为投资、从业及各种经济决策提供理论基础和实践指导。

中国区域发展数据库（下设6个子库）

对中国特定区域内的经济、社会、文化等领域现状与发展情况进行深度分析和预测，研究层级至县及县以下行政区，涉及地区、区域经济体、城市、农村等不同维度。为地方经济社会宏观态势研究、发展经验研究、案例分析提供数据服务。

中国文化传媒数据库（下设18个子库）

汇聚文化传媒领域专家观点、热点资讯，梳理国内外中国文化发展相关学术研究成果、一手统计数据，涵盖文化产业、新闻传播、电影娱乐、文学艺术、群众文化等18个重点研究领域。为文化传媒研究提供相关数据、研究报告和综合分析服务。

世界经济与国际关系数据库（下设6个子库）

立足"皮书系列"世界经济、国际关系相关学术资源，整合世界经济、国际政治、世界文化与科技、全球性问题、国际组织与国际法、区域研究6大领域研究成果，为世界经济与国际关系研究提供全方位数据分析，为决策和形势研判提供参考。